1682

SAMMLU
METZLE

C000186607

REALIENBÜCHER FÜR GERMANISTEN

ABT. D:

LITERATURGESCHICHTE

GABRIELE SCHIEB

Henric van Veldeken

HEINRICH
VON VELDEKE

———

MCMLXV

J.B. METZLERSCHE VERLAGSBUCHHANDLUNG

STUTTGART

INHALT

Abkürzungen

AfdA	=	Anzeiger für deutsches Altertum und deutsche Literatur
Beitr.	=	Beiträge zur Geschichte der deutschen Sprache und Literatur
dt.	=	deutsch
DTM	=	Deutsche Texte der Mittelalters
DVjs.	=	Deutsche Vierteljahrsschrift für Literaturwissenschaft und Geistesgeschichte
En.	=	Veldekes ›Eneasroman‹
GRM	=	Germanisch-Romanische Monatsschrift
Hs(s).	=	Handschrift(en)
Jb.	=	Jahrbuch
Jh.	=	Jahrhundert
mhdt.	=	mittelhochdeutsch
RE	=	anglonormannischer ›Roman d' Eneas‹
v.	=	Vers
ZfdA	=	Zeitschrift für deutsches Altertum und deutsche Literatur
ZfdMaa.	=	Zeitschrift für deutsche Mundarten
ZfdPh.	=	Zeitschrift für deutsche Philologie

Unsere Unwissenheit ist unendlich,
tragen wir einen Kubikmillimeter ab!

BERT BRECHT

In den Epilogen seiner Epen, soweit sie sicher von ihm selbst stammen, stellt sich der Dichter schlicht vor als *Henric* (›Sente Servas‹ 6197, ›Eneasroman‹ 13506). Zeitgenossen und Nachfahren fügen gern die Herkunftsbezeichnung bei. *Henric de van Veldeken was geboren* nennt ihn vermutlich der Schatzkammerbewahrer Hessel in einem Zusatzstück des ›Servatius‹-Epilogs, *van Veldeken* (G *Veldecken*, HM *Veldiche*) *Henric* der zeitgenössische Verfasser der aufschlußreichen Schlußabschnitte des ›Eneasromans‹, wo ihm auch der *meister*-Titel zuerkannt wird. Spätere Entstellungen, Verstümmelungen und Umdeutungen zu *Veldeg(ge)*, *Waldecke*, *Veltkilche(n)* fallen nicht ins Gewicht. Für die mittelhochdeutschen Dichter ist er, nach den besten Handschriften, *von Veldeke(n) Heinrich*, gelegentlich auch *von Veldekîn Heinrich*. Dies Veldeke war, wie Urkunden der Abtei St. Truiden und der Grafen von Loon sicherstellen, ein Dorf in der Nähe von Spalbeke nordwestlich Hasselt, im Umkreis der Demer, auf heute belgisch-limburgischem Boden. Eine im ersten Weltkrieg zerstörte, aber wieder aufgebaute Wassermühle, die *Vel(de)kermolen*, hat den Namen über die Jahrhunderte gerettet. Hier müssen wir des Dichters oder wenigstens seines Geschlechtes Heimat suchen. Er selbst taucht zwar in Urkunden nicht auf, aber die kurz nach ihm und noch das ganze 13. Jh. hindurch begegnenden *Robertus*, *Arnoldus*, *Henricus de Veldeke* wird man zu seiner Familie zählen dürfen. Der eine erscheint als Ministeriale, der andere als Truchseß der Grafen von Loon, wieder einer als *comes et advocatus* und Lehensempfänger der Abtei St. Truiden. Das spricht für ritterliche Dienstverhältnisse, Ministerialität. So wird es wohl auch zur Wirklichkeit stimmen, wenn die Weingartner und die große Heidelberger Liederhandschrift, die die Liederdichter streng nach dem Heerschild anordnen, Veldeke unter die ritterlichen Ministerialen stellen und ihm den Titel *her* beilegen, wie das auch Wolfram von Eschenbach tut. Ob das Wappensiegel, das an der Urkunde eines *dominus Henricus de Veldeke* von 1247 hängt, mit dem Wappen auf dem Bildnis des Dichters in der großen Heidelberger Liederhandschrift zusammengebracht werden darf,

wie Kempeneers das wollte, muß fraglich bleiben. Es ist auffallend, daß wie Veldekes Wappen in der Heidelberger Handschrift gold und rot und sein Gewand in der Weingartner
Handschrift halb rot und halb gelb ist, so auch die Wappenfar-
ben des Turnus im ›Eneasroman‹ 7315 *gele ende rot* sind, ohne
Anhalt in der Quelle. Im übrigen haben die schönen Bilder des
Dichters in den Liederhandschriften keine Aussagekraft. Sie
sind nur Szenen seiner Lieder nachgestaltet. Sie zeigen Veldeke
in sinnender Haltung mit dem ähnlich Walther von der Vogel-
weide in die Hand gestützten Antlitz mitten in Frühlingsgrün
und singenden Vögeln.

Für Weiteres sind wir allein auf das angewiesen, was eine
sorgfältige Interpretation seiner Werke hergeben kann, vor
allem die Epiloge der ›Servatiuslegende‹ und des ›Eneasromans‹. Diese stammen zwar in den Teilen, die die wichtigsten
biographischen Angaben enthalten, nicht vom Dichter selbst,
reichen aber sicher in seine Zeit und engere Umgebung zurück.
Ihr Wahrheitsgehalt ist nicht zu bezweifeln. Leider geben sie
uns allzu wenig wirklich Sicheres an die Hand.

Der ›Eneas‹-Epilog berichtet 13429 ff.: Die noch nicht vollendete Dichtung lieh der Dichter der interessierten Gräfin von
Kleve. Während ihrer Hochzeit mit dem Landgrafen stahl Graf
Heinrich von Thüringen das *buc* und entführte es in seine Heimat. Erst nach neun Jahren kam der Dichter wieder an sein
buc, das ihm der Pfalzgraf von Sachsen, Hermann von der
Neuenburg an der Unstrut, der Sohn Landgraf Ludwigs, mit
der Bitte um Vollendung überließ. Den beiden Brüdern Pfalzgraf Hermann, Bruder des Landgrafen Ludwig, und Graf
Friedrich erfüllte der Dichter gern ihren Wunsch. – Mit der
Gräfin ist wohl Margareta von Kleve gemeint, die 1174 heiratete. Bei den Thüringern muß es sich um die vier Söhne des
Landgrafen Ludwig II. handeln, nämlich, dem Alter nach, um
Ludwig III., Friedrich, Heinrich Raspe III., Hermann. Hein-
rich Raspe III. ist der Dieb Graf Heinrich († 1180), Hermann
und Friedrich sind Veldekes Mäzene. Hermann war Pfalzgraf
1182–1190. Sein Bruder Ludwig hatte ihm auf dem Erfurter
Hoftag mit Barbarossas Einwilligung die Pfalzgrafschaft von
Sachsen abgetreten. Nach dem Tode Ludwigs (gest. 16. Okt.
1190, beerdigt am 24. Dez. 1190) trat er als Jüngster dessen
Nachfolge in der Landgrafschaft an. Also war der ›Eneasroman‹ im Jahre 1174 schon zu vier Fünftel seines endgültigen
Umfangs gediehen, vor 1190 wurde er in Thüringen abge-

schlossen. Das sind die einzigen festen Daten der Veldeke-chronologie.

Die Epiloge der ›Servatiuslegende‹ nennen zwar auch hochgestellte Persönlichkeiten, die aber nicht die gleiche exakte zeitliche Zuordnung erlauben. Hier erscheinen als Gönner des Dichters und Förderer seines Werkes die Gräfin Agnes von Loon und der Maastrichter Schatzkammerbewahrer Hessel, *de du der costerien plach* (›Sente Servas‹ 6196). In Agnes von Loon muß man wohl die Gemahlin Graf Ludwigs I. und nicht ihre gleichnamige Tochter sehen. Die Mutter wurde 1171 Witwe, ist 1175 noch mehrmals urkundlich bezeugt und vor 1186 gestorben. Hessel begegnet 1171 als *fidelis dispensator domus hospitalis ecclesie sancti Servatii,* 1176 als *diaconus.* Als solcher kann er die Aufgabe eines *custos sacrarii* gehabt haben. Für ein besonderes Domküsteramt ist der oben angeführte Vers nicht beweisend. Dies hätte dann vor den anderen Ämtern liegen oder ihnen folgen können. BOEREN meint, daß es als besonderes Ehrenamt gefolgt sein müsse. Noch in den neunziger Jahren tauche der Name Hessel auf, wenn auch ohne Sicherheit der Identität. So schwanken die Datierungen des ›Servatius‹: VAN MIERLO 1160/70, FR. WILHELM 1167/68, NOTERMANS spätestens 1169, FRINGS um 1170, JUNGBLUTH 1174/83, ROGIER um 1176, P. C. BOEREN nach 1176 und vor 1204/05. Die Legende kann vor dem ›Eneasroman‹, in der neunjährigen Pause zwischen 1174 und 1183 oder gar erst nach Abschluß des ›Eneas‹ gedichtet worden sein, vielleicht ist auch Teil I älter als Teil II. Man kann für jeden der Ansätze Gründe ins Feld führen. Letzte Sicherheit bleibt uns versagt.

Wir wissen weder, wann Veldeke geboren, noch wann und wo – auswärts oder wieder in der Heimat – er gestorben ist. Die Jahrhundertwende wird er kaum überlebt haben. Vom Sängerstreit auf der Wartburg könnte er auch wegen Alter oder Krankheit fern geblieben sein, aber Gotfrid spricht von ihm 1210 in seinem ›Tristan‹ schon im Präteritum, als von einem, den er leider nicht mehr selbst hat sehen und erleben können.

Der ›Servatius‹ verrät intime Maastrichter Ortskenntnisse. Auch Quedlinburg und den Harz scheint Veldeke mit eigenen Augen gesehen zu haben. Selbst Teilnahme an einer Romfahrt möchte man annehmen. Nach beiden Epen muß man den Dichter zur Anhängerschaft Friedrich Barbarossas (reg. 1152–1190) rechnen. Es bleibt aber undeutlich, ob das nur eine natürliche Folge der politischen Bindungen seiner Gönner und Auftraggeber war, des Looner Grafenhauses, des Thüringer Grafenhauses und der Propstei St. Servaas in Maastricht, die ständig mit der königlichen Kapelle verknüpft war, oder ob der Dichter eigene politische Initiative entwickelte. Im allgemeinen nimmt man an, daß er in der Eigenschaft als Anhänger Friedrichs oder im Gefolge eines höher gestellten Herrn 1184 am Mainzer Hoffest teilnehmen durfte.

Für einen ritterlichen Ministerialen erscheint Veldekes Bildungsniveau außerordentlich hoch. Man darf ihn in der Verbindung der von einem Ritter wie von einem geistlich Gebildeten zu erwartenden Kenntnisse ruhig neben Hartmann von Aue stellen. Er beherrscht das Französisch der höfischen Gesellschaft und der modernen höfischen Epik und Lyrik Nordfrankreichs, zeigt sich vom provenzalischen Minnesang berührt, ist aber zugleich im Latein zu Hause, der Sprache der Kirche und der Schule, der überdachenden Bildungssprache der gesamten mittelalterlichen Kultureinheit. Vielleicht hat er eine Kathedralschule seiner Heimat besucht. Allerorten verrät sich gediegene rhetorische und dialektische Schulung, auch Kenntnis der Schulautoren. Veldeke scheint nicht nur den gesamten Umfang der *septem artes*, des Triviums und Quadriviums, in sich aufgenommen, sondern sich auch mit Rechtsfragen beschäftigt zu haben. Denn manche seiner Kenntnisse gehen über das hinaus, was sich natürlich aus seinem gesellschaftlich-ritterlichen Tätigkeits- und Erlebnisbereich bei Hofe erklären läßt. Daß Veldeke neben seinem Dichten noch diese oder jene praktischen Aufgaben im Dienste vornehmer Geschlechter gehabt hat, ist anzunehmen. Er versteht etwas von der Baukunst, die damals zu den *artes mechanicae* gezählt wurde. Auch mit dem Kriegsgeschäft zeigt er sich vertraut bis zu modernsten Formen der Belagerungstechnik.

Was in Veldeke eng beieinanderliegt und seine Persönlichkeit erst voll zur Geltung kommen läßt, hat die Veldekephilologie oft mit dem Seziermesser getrennt und dann nicht mehr zusammenzufügen und zusammenzusehen vermocht. Kein Wunder, daß man in dem Dichter gelegentlich einen zum geadelten Hofdichter aufgestiegenen Spielmann sehen wollte (VAN MIERLO in seiner Frühzeit), dann einen Gerichtsschreiber (HERMESDORF) oder sogar einen Geistlichen (BOEREN). Bei bestimmter Ausdeutung der Servatiusepiloge und einiger kirchenpolitisch festlegbarer Abschnitte der Legende konnte man versucht werden, Veldeke für einen *homo sancti Servatii*, einen Kanoniker und Scholaster von St. Servaas in Maastricht zu halten, der in dieser Eigenschaft auch zu deutschen Hofkreisen in

4

Beziehung treten konnte. Aber der *magister Heinricus de Traiecto*, den BOEREN im Gefolge von JUNGBLUTH mehrfach urkundlich nachweisen kann, läßt sich nicht sicher mit Veldeke gleichsetzen. Wie geistliche Ausbildung und Hofdienste wieder in anderer, aber ebenso komplexer Form sich in einer Person zusammenfinden können, um entscheidenden Einfluß auf die literarische Entwicklung zu nehmen, dafür ist der zeitgenössische *Andreas capellanus* ein hervorragendes Beispiel. Auf welcher Seite dabei im Einzelfall das Schwergewicht gelegen hat, läßt sich selten sicher angeben. Auch mit Verschiebungen und Schwankungen des Schwergewichts im Laufe eines Lebens ist zu rechnen, wie uns Hartmann von Aue lehren kann. Für Veldeke brauchen wir von den oben angedeuteten Vermutungen nicht abzugehen, wenn auch viele Fragen offen bleiben. Er gehört in die zweite Hälfte des 12. Jhs, in der, wie besonders gut in der anglonormannischen Elitegesellschaft zu beobachten ist, der höfische Kleriker, der keine kirchlichen Funktionen mehr hat und auch keine kirchliche Laufbahn mehr erstrebt, und der klerikal gebildete Höfling oft nicht mehr zu unterscheiden sind (E. AUERBACH), Hof und Kathedralschule sich gegenseitig befruchten.

Die Frage, ob Veldeke Niederländer oder Deutscher gewesen sei, hat jahrzehntelang nationale Empfindlichkeiten angerührt, die bis heute trotz aller nüchternen Forschung noch nicht ganz zum Schweigen gebracht werden konnten. In Hasselt (auf heute belgischem Staatsboden) und in Maastricht (auf heute niederländischem Staatsboden) hat man dem „niederländischen" Dichter Denkmäler errichtet, die fast zu Lokalheiligtümern geworden sind. In einer eigenen südniederländischen Zeitschrift der Vereinigung V·E·L·D·E·K·E, die in ihren 40. Jahrgang eintritt, finden Lokalpatriotismus und Heimatliebe Stätten ihrer Wirksamkeit. Wenn sich jemand als „Ausländer" mit diesem Dichter beschäftigt, muß er gewärtig sein, nicht ungestraft in ein wohlbehütetes Heiligtum einzudringen, aus festen, traditionellen Vorstellungen errichtet und liebevoll ausgeschmückt. In der Wissenschaft war es vor allem der Belgier J. VAN MIERLO, der immer wieder Veldeke als Niederländer proklamierte. Die Frage, ob Niederländer oder Deutscher, ist jedoch ganz und gar unhistorisch gestellt und läßt sich weder zugunsten des einen noch des anderen mit einem sinnvollen Ja oder Nein beantworten. Sie ist so sinnlos wie die Frage, die auch einmal die Gemüter in heftige Bewegung versetzt hat, ob Karl der Große Deutscher oder Franzose gewesen sei, da diese

Nationen damals noch nicht getrennt existierten. Auch Comenius hätte, um einen Fall aus neuerer Zeit herauszugreifen, nur den Kopf geschüttelt, wenn man ihn gefragt hätte, ob er Tscheche oder Slowake sei und sich vielmehr selbst als Mähren bezeichnet. Veldeke entstammt der maasländischen Mitte des Herzogtums Nieder-Lothringen, dieser Kernlandschaft des Reichs zwischen Schelde und Rhein zur Zeit der staufischen Kaiser. Seine Heimat war begünstigt durch kulturelle Mittellage, erst später geriet sie in Grenzlage, wurde zu einem Dreiländereck zwischen Südniederländern, Nordniederländern und Deutschen. Heute erhebt sich aber gerade hier wieder der Ruf nach dem „Land ohne Grenze", der sich der alten geschichtlichen Gemeinsamkeit erinnert und junge Grenzziehungen wieder überwinden will. Nur von einem solchen Standort aus kann auch die Frage nach Veldekes Sprache befriedigend beantwortet werden.

LITERATUR:

Literaturgeschichten und zusammenfassende Darstellungen:

F. VOGT, Geschichte der mhdt. Literatur, Tl 1, 1922, S. 172–183.

H. SCHNEIDER, Heldendichtung, Geistlichendichtung, Ritterdichtung, Neugestaltete u. vermehrte Ausgabe 1943, S. 264–269, 560.

G. EHRISMANN, Geschichte der dt. Literatur bis zum Ausgang des Mittelalters II, 2, 1, 1954, S. 79–95; II, 2, 2, 1955, S. 230f.

J. SCHWIETERING, Die dt. Dichtung des Mittelalters, 1941, S. 140–143; unveränderter Nachdruck 1957.

J. VAN MIERLO, Geschiedenis van de Letterkunde der Nederlanden, 1: De letterkunde van de Middeleeuwen, ²1945, S. 145–149.

G. KNUVELDER, Handboek tot de Geschiedenis der Nederlandse Letterkunde. Eerste Deel: Limburg en Hendrik van Veldeke, ²1957, S. 57–62.

H. DE BOOR, Die höfische Literatur. Vorbereitung, Blüte, Ausklang, 1170–1250, ⁵1962, S. 41–49, 251–54, 430f., 448.

K. H. HALBACH, Epik des Mittelalters, in: Dt. Phil. im Aufr. Bd II, ²1960, Sp. 538–544.

R. M. MEYER, Veldeke, Allgem. Dt. Biographie 39, 1895, S. 565–571.

J. VAN DAM, Heinrich von Veldeke, in: Verfasserlexikon Bd II, 1936, Sp. 355–364.

C. MINIS, Heinrich von Veldeke (Nachtrag), in: Verfasserlexikon Bd V, 1955, Sp. 350–361.

J. NOTERMANS, Heynrijck van Veldeken, Z'n Tijd Leven en Werk (Branding Brochurenreeks 2) 1928.

J. VAN MIERLO, Heynrijck van Veldeke, 1929.

G. de Smet, J. van Mierlo en het Veldekeprobleem (Voordrachten gehouden voor de Gelderse Leergangen te Arnhem, Nr 8) 1963.

G. Schieb, Heinrich von Veldeke, in: GRM 33, 1952, S. 161–172.

W. Sanders, Heinrich von Veldeke im Blickpunkt der Forschung, in: Ndrhein. Jb. VIII, 1965 (im Druck).

Zur Biographie:

Th. W. Braune, Untersuchungen über Heinrich von Veldeke (Erste Abteilung), Diss. Leipzig 1872, und in: ZfdPh. 4, 1873, S. 249–304.

O. Behaghel, Heinrichs von Veldeke Eneide, 1882.

F. Wilhelm, Sanct Servatius oder Wie das erste Reis in deutscher Zunge geimpft wurde, 1910.

A. Kempeneers, Hendrik van Veldeke en de Bron van zijn Servatius (Studiën en Tekstuitgaven. 3) 1913.

J. Notermans, Her Hessel, der Custenaer, in: Tijdschr. voor Taal en Letteren 15, 1927, S. 205–214.

J. van Mierlo, Om het Veldeke-Probleem, in: Verslagen en Mededelingen der Koninklijke Vlaamse Academie voor Taal- en Letterkunde 1932, S. 877–926.

G. Jungbluth, Untersuchungen zu Heinrich von Veldeke (Dt. Forschungen. Bd 31) 1937.

P. C. Boeren, Vragen rondom Hendrik van Veldeke, in: Tijdschr. voor Nederlandse Taal- en Letterkunde 73, 1955, S. 241–261; 74, 1956, S. 99–116.

M. Lintzel, Die Mäzene der dt. Literatur im 12. u. 13. Jh., in: Thür.-Sächs. Zs. für Geschichte u. Kunst 22, 1933, S. 47–77.

B. H. D. Hermesdorf, Hendrik van Veldeke in het licht der Rechtsgeschiedenis, in: Publ. de la Société hist. et arch. dans le Limbourg 83, 1947, S. 175–206.

J. Mendels und L. Spuler, Landgraf Hermann von Thüringen und seine Dichterschule, in: DVjs. 33, 1959, S. 361–388.

II. Sprache / Reimtechnik / Versbau / Stil

a) Sprache / Reimtechnik

Zu Ende der ›Servatiuslegende‹ heißt es [6172] *in dutschen dichte dit Henric | de van Veldeken was geboren,* [6181] *dat he't te dutschen kerde,* 6198 *Henric de dit . . . in dutschen dichte,* am Ende des ›Eneasromans‹ [13432] *de't ut den welschen kerde |ende uns in dutschen lerde, | dat was van Veldeken Henric,* [13438] *dat mere deil . . . in dutschen berichtet.* Veldekes Sprache wird also von ihm selbst und seiner engsten Umgebung als *dutsch* ‚deutsch‘ bezeichnet. Was bedeutet das aber im 12. Jh., wo zwar schon, wie die Existenz des Wortes bezeugt, ein Bewußtsein von der Zusammengehörigkeit und Verwandtschaft der Fülle lebender Sprachformen von der flandrischen Küste bis in die Alpen vorhanden war, aber die landschaftlichen Unterschiede mindestens ebenso stark empfunden sein werden wie über hundert Jahre später von Hugo von Trimberg, der in seinem ›Renner‹ Vers 22253 ff. sagt: *Swer tiutsche wil eben tihten, | Der muoz sin herze rihten | Uf manigerleie sprache: | Swer went daz die von Ache | Reden als die von Franken, | Dem süln die miuse danken.|* Wir wissen heute, daß die gängigen Bezeichnungen „Mittelhochdeutsch", „Mittelniederdeutsch", „Mittelniederländisch", junge Prägungen der ersten Blütezeit germanistischer Wissenschaft im 19. Jh., als weite Sammelbegriffe benutzt, der vielgestaltigen Sprachwirklichkeit im hohen Mittelalter nicht gerecht werden. Man sollte sie eingeschränkt lassen auf die überlandschaftlichen Normen zustrebenden Schriftsprachen begrenzter zeitlicher, räumlicher und sozialer Geltung, also das „Mittelhochdeutsche" auf die standesgebundene Kunstsprache der höfischen Dichter des Rhein-Main-Donaugebietes im 12. und 13. Jh., wenn diese auch von dort weiter ausstrahlte, das „Mittelniederländische" auf die Verkehrs-, Geschäfts-, Literatur- und Dichtersprache, die seit der Mitte des 13. Jhs im Nordwesten als sprachlich Höheres über den Volksmundarten auf flämisch-brabantischer Grundlage erwuchs, das „Mittelniederdeutsche" auf die Schrift-, Rechts- und Verkehrssprache, die im 14. und 15. Jh. im gesamten niederdeutschen Raum im Schriftverkehr galt. Es ist also im strengen Sinne anachronistisch, von Veldeke in der zweiten Hälfte des 12. Jhs eine Sprachform zu erwarten, die sich dem „Mittelhochdeutschen" oder „Mittelniederländischen" zuordnen läßt. Nach des Dichters Heimat ist vielmehr anzunehmen, daß er maasländisch-altlimburgisch* sprach und schrieb. Weiter hilft uns, daß Veldeke die Sprache seiner Heimat *dutsch*, nich *dietsc* nennt, also den Übergang von *iu* zu *ie* nicht kennt. Damit steckt er sie genauer ab. Es ist die Sprache in den Landschaften an Maas und Rhein, nicht an der Schelde.

---

* „Limburgisch" ist ein Hilfsbegriff wie „fränkisch", „alemannisch" u.ä., wissenschaftlich anfechtbar, da er verschiedenes vermengt, den Namen einer alten Grafschaft, eines alten Herzogtums, späterer Landschaften und Provinzen, die sich territorial nicht decken, wozu man P. C. BOEREN, Oud- en Nieuw-Limburg, in: Tijdschrift voor Nederlandse Taal- en Letterkunde 80, 1963/64, S. 81–92, vergleiche. Dieser fest eingebürgerte Hilfsbegriff hat aber großen praktischen Wert für die Sprachbeschreibung.

Veldekes Sprache liegt östlich der tiefen Bruchstelle zwischen Flandern-Brabant auf der einen und Limburg-Geldern-Köln auf der anderen Seite, für die der Lautgegensatz *ie/u* in *dietsc/ dutsch* als einer neben vielem anderen kennzeichnend stehen kann. Bevor die Führung auf kulturellem Gebiet steigend an Flandern und Brabant überging, die Kerngebiete der Herausbildung des „Mittelniederländischen", ist im Maasland eine frühe Blüte kulturellen Lebens zu beobachten. Reste maasländischer Dichtungen des 12./13. Jhs bezeugen uns eine schon hochentwickelte, wenn auch landschaftlich noch stark gebundene und vor allem noch nicht zu voller Einförmigkeit gelangte Literatursprache. In welchem Verhältnis steht Veldeke zu ihr? Was kann die Veldeküberlieferung darüber aussagen?

In den großen süddeutsch-alemannischen Sammelhandschriften mittelalterlicher deutscher Lyrik gehen rd 60 Liedstrophen unter Veldekes Namen. Sie sind ins Mittelhochdeutsche der Zeit um 1300 umgesetzt. Aber nicht nur die Reime verraten nordwestliche Herkunft, sprachliche Entstellungen der schlechten Überlieferung A (Kleine Heidelberger Liederhandschrift) lassen Niederrheinisches einer Vorlage, vereinzelt sogar Maasländisches fassen, das sicher auf den Dichter zurückgeht. Die ›Servatiuslegende‹ ist zwar vollständig nur in einer junglimburgischen Handschrift des 15. Jhs überliefert, daneben aber kennen wir wertvolle, altlimburgische Fragmente aus der Zeit um oder nach 1200, also aus enger räumlicher und zeitlicher Nähe des Dichters. Ihre Sprache in Vergleich gesetzt zu Mundart, Geschäfts- und Urkundensprache, geistlicher Prosa und Dichtungen verschiedener Tradition des engeren und weiteren Umkreises macht deutlich: so etwa, mit den nötigen kritischen Abstrichen, wird der Dichter selbst gesprochen und geschrieben haben. In der westöstlichen Abfolge der Sprachlandschaften Flandern, Brabant, Limburg-Geldern, Köln, liegt Limburg zu Veldekes Zeit sprachlich noch näher bei seinen östlichen als seinen westlichen Nachbarn. Das erklärt bei allen grundsätzlichen Unterschieden zwischen dem Maasländischen und dem Ripuarischen den östlichen Anflug in der Sprache der Fragmente. Man hat keine Ursache, ihre Bodenständigkeit zu bezweifeln. So konnten die ›Servatius‹-Fragmente zum Angelpunkt weiterer Forschung werden, die sich bemühte, die durch die Überlieferung sprachlich entstellten Werke Veldekes in ihrer ursprünglichen Form wieder herzustellen. Nicht vergessen werden dürfen die frühen, noch ins vorige Jahrhundert zurückreichenden Bemühungen um das Altlimburgische und Veldekes Sprache von W. Braune, J. H. Kern, J. Franck, O. Behaghel, die, so unzureichend sie im einzelnen noch bleiben mußten, doch schon in die erfolgversprechende Richtung wiesen. Erst das neue Jahrhundert legte mit der besonderen Entfaltung neuer Zweige der Sprachwissenschaft, vor allem der Dialektgeographie, ein tragfähigeres Fundament. Als Th. Frings, der die Entwicklung niederländischer und deutscher Mundarten in gleicher Weise überblickte, 1919 zusammen mit J. van Ginneken eine »Geschichte des Niederfränkischen in Limburg« vorlegte, war diese schon gedacht als Auftakt zur Arbeit am viel umstrittenen literarischen Erbe Veldekes. Als G. Schieb ihm dann ab 1944 zur Seite trat, konnte die Ernte langjähriger Arbeit Stück um Stück eingebracht werden. Ausgehend von der Sprache der ›Servatius‹-Fragmente, die von ihnen analysiert wurde (»Heinrich von Veldeke« I, 1947, S. 45–75, und XIII, 1952, S. 31–43), stießen sie in kritischer Auseinandersetzung mit früheren Versuchen (Kern, Vogt) vor zu einer Rückschrift der Lieder ins Altlimburgische (»Heinrich von Veldeke« VII, 1947, S. 229–299; in dieser Gestalt auch aufgenommen in die letzte Auflage von »Des Minnesangs Frühling«). Vor allen weiteren Gängen, die zu kritischen Texten der ›Servatiuslegende‹ und des ›Eneasromans‹ führen sollten, war zunächst eine Revision der Ansicht nötig, die C. von Kraus 1899 in seinem Buch »Heinrich von Veldeke und die mittelhochdeutsche Dichtersprache« mit viel Erfolg vertreten hatte, daß nämlich Veldeke in seinen Dichtungen Mundartliches seiner Heimat gemieden und Rücksicht aufs Hochdeutsche genommen habe. Von diesem Mundartlichen hatte aber Kraus einen falschen Begriff. „Niederländisches", das Veldeke gemieden haben soll, war seiner maasländisch-limburgischen Heimatsprache gar nicht eigen; es ist im Westen, an der Schelde, nicht aber im Osten, an der Maas, beheimatet. Läuft doch zwischen Flandern und Brabant im Westen und Limburg und den Rheinlanden um Köln im Osten eine tiefe Sprachscheide. Was in Veldekes Maasländisch östlich ist und ihn vom Westen abhebt, stammt aus alter Verwandtschaft mit den Rheinlanden. Das weitere Hochdeutsche aber braucht man nicht zu bemühen. Die erste Berichtigung in einer Rezension von J. Franck blieb unbeachtet, unbekannt blieben auch die berechtigten Zweifel des jung verstorbenen tschechischen Germanisten Jan Krejčí. 1949 unternahmen es dann Th. Frings und G. Schieb, die Ergebnisse von C. von Kraus in ihrem Buch »Heinrich von Veldeke zwischen Schelde und Rhein« im einzelnen zu prüfen und zu berichtigen. Der nächste Schritt war, nach einer Reihe von Sonderuntersuchungen, die Herstellung des kritischen Textes der ›Servatiuslegende‹, 1956. Er bietet einen maasländischen ›Servatius‹ im Sinne der Fragmente. Die Ausgabe stellt den Versuch dar, in der vollständigen Handschrift die junge Schicht des 15. Jhs mit den ausgeprägt westlichen Zügen ihres Junglimburgisch abzutragen, die dieses im Laufe von rd 300 Jahren bewegter maasländischer Sprachgeschichte angenommen hatte.

Blieb der ›Eneasroman‹. Seine Überlieferung schien besonders hoffnungslos. Nach den Angaben im Epilog war zwar anzunehmen, daß wenigstens die ersten vier Fünftel der Dichtung, die bis zum Klever Diebstahl fertiggestellt waren, also von Veldeke in seiner limburgischen Heimat abgefaßt wurden, die gleiche Sprachform zeigten wie Lieder und ›Servatius‹. Aber von dieser ersten Fassung ist jede Spur verschwunden. Vielleicht bestand sie noch gar nicht in Reinschrift, sondern erst in der Form von Wachstafelkonzepten. Alle Handschriften und Handschriftenbruchstücke, die wir vom ›Eneasroman‹ besitzen, gehen auf die in Thüringen nach neunjähriger Pause vollendete Fassung zurück. Sie sind alle auf hochdeutschem Sprachgebiet geschrieben, zeigen teilweise mitteldeutsche, teilweise oberdeutsche Grundprägung. Von ihnen schien man nur sich zurücktasten zu können bis zu einer thüringischen Umschrift der limburgischen Urfassung. Einen unmittelbaren Niederschlag dieser thüringischen Umschrift glaubte L. Ettmüller in der Anfang des 13. Jhs entstandenen Berliner Handschrift gefunden zu haben. So gestaltete er 1852 seine kritische Ausgabe des ›Eneasromans‹ nach den Hss. B M H G und meinte damit das damals allerdings noch gar nicht befriedigend aufgearbeitete Thüringisch des ausgehenden 12. Jhs getroffen zu haben. Die Wahl von B als Leithandschrift war, wie W. Braune 20 Jahre später kritisch anmerkte, ein Mißgriff. Gerade sie gehört zu der Überlieferungsgruppe, die sich nach Sprache und Textgestaltung am weitesten von Veldekes Fassung entfernt. Nach Entdeckung der jungen ›Servatius‹-Handschrift, aber noch ehe die Bruchstücke bekannt wurden, wagte O. Behaghel 1882 auf Grund der zwar inzwischen gewachsenen, aber immer noch dürftigen Kenntnisse des Nieder- und Mittelfränkischen eine kühne Rückschrift des ›Eneasromans‹ ins Altlimburgische. Sie zeigt trotz kritischen Scharfsinns alle Mängel eines verfrühten Versuchs. Aber seither blieb die Rückgewinnung der verlorenen maasländischen Urform des ›Eneasromans‹ lockendes

Forschungsziel. Um es mit befriedigenderen Ergebnissen erreichen zu können, als sie O. Behaghel beschieden waren, mußten noch zwei Vorbedingungen erfüllt sein. Erstens mußte Veldekes Maasländisch der Forschung eine feste, bestimmbare Größe werden. Dazu öffnete sich ein Weg erst, als die alten ›Servatius‹-Bruchstücke seit 1883 Stück um Stück auftauchten. Zweitens mußten sämtliche Handschriften des ›Eneasromans‹ mit dem Blick auf dieses Maasländisch sorgfältig sprachlich untersucht werden, um ihren wirklichen Standort zu ermitteln. Das war merkwürdigerweise bis auf Braunes kurze treffende Charakterisierungen, die aber nur den Reim betreffen, ganz vernachlässigt worden. Diese entsagungsvolle, aber nicht zu umgehende Arbeit wurde, erst in jüngster Zeit, von G. Schieb geleistet. Sie ließ überraschend zur Gewißheit werden, was zumal Behaghel, Braune, Franck u. a. schon ahnten, daß der maasländische ›Eneasroman‹ trotz aller Schichten, die sich über ihn legten, Grundlage blieb. Alle Handschriften, wenn auch die einen mehr und die anderen weniger, haben deutliche Spuren davon bewahrt. Das betrifft nicht nur den Reim, sondern auch das Versinnere. Die Schreiber haben mit ihren Abschriften, von denen trotz aller anzunehmender Zwischenglieder noch ein direkter Weg zum maasländischen ›Eneasroman‹ zurückführt, nur mitteldeutsche bzw. oberdeutsche Varianten des originalen Textes geschaffen. Stellt man ihre Eingriffe an Reimstelle, ihre Mißverständnisse, Fehler und Umdeutungen zusammen, so läßt sich eine eindrucksvolle Geschichte der Auseinandersetzung der mitteldeutsch-oberdeutschen Überlieferung mit dieser Grundlage schreiben, die in ihrem Kern unangetastet blieb.

Es läßt sich nun auch der Streit um den „thüringischen Schluß" beilegen. Es war von vornherein wenig glaubhaft, daß Veldeke seinen Roman in Thüringen in einer angelernten hochdeutschen Literatursprache und nicht in seinem Heimatidiom abgeschlossen haben sollte. Gewiß zeigen die Reime, im Vergleich zum Torso, manche hochdeutschen Zuschüsse. Es stehen daneben aber, und zwar in überwiegender Zahl, die gleichen nordwestlichen Reimtypen, die für den Torso und die ›Servatiuslegende‹ kennzeichnend sind. Auch im Inneren bewahrt die Überlieferung trotz gelegentlicher Entstellung noch ausgesprochen Maasländisches, das über die Grundkonzeption dieses Schlusses keine Zweifel läßt.

Der Ertrag all dieser Bemühungen und Erkenntnisse ist niedergelegt in der kritischen Ausgabe des ›Eneasromans‹ von G. Schieb und Th. Frings, von der die ersten beiden Bände vorliegen: Henric van Veldeken, Eneide, I: Einleitung, Text, 1964; II: Untersuchungen, 1965; III wird ein Wörterbuch und Namensverzeichnis enthalten.

Die Sprache, in der Veldeke seine Dichtungen abfaßte, ist natürlich keine Mundart im strengen Sinne, sie ist gepflegte Literatursprache, erwachsen aus einer Landschaftssprache, die sich im 12./13. Jh. in stärkster Bewegung befand und anscheinend auch sozial geschichtet war. Aus den reichen Möglichkeiten dieser Landschaftssprache konnte jeder Dichter seine individuelle Auswahl treffen, aber es bleibt die innere Verwandtschaft. Im Vergleich mit anderen Denkmälern der Landschaft wie z. B. ›Trierer Floyris‹, ›Aiol‹, ›ndfränk. Tristant‹ hat sich Veldeke für ein besonders temperiertes Maasländisch entschieden, in dem er mit feinem Instinkt trotz aller Bodenständigkeit die überlandschaftlichen Züge bevorzugte, überhaupt sprachstilistische Entscheidungen traf, die ihm gesellschaftliche Weitenwirkung, vor allem nach dem Osten hin, eröffneten. So kommt es, daß für uns, im Rückblick, die Dichtungen gleicher Stilhöhe vom Maasland über die Rheinlande um Köln bis nach Hessen-Thüringen eine gewisse sprachliche und sprachstilistische Verwandtschaft zeigen, die sie uns, trotz aller Unterschiede im einzelnen, unter dem Oberbegriff einer maasländisch-westmitteldeutschen Literatursprache zusammenfassen läßt, die der mittelhochdeutschen, die dann eine viel strengere Geschlossenheit aufweist, zeitlich vorauf liegt.

Es ist anzunehmen, daß Veldekes Maasländisch bis weit ins Mitteldeutsche hinein verstanden wurde, auch in Thüringen. Die niederdeutschen Züge des älteren Thüringisch, zumal der Mundart, der Sprache, die am Boden haftet, mögen die Brücke geschlagen haben. Vielleicht haftete der maasländischen Literatursprache sogar etwas vom Reiz einer Modesprache an, importiert aus den der bewunderten französischen Kultur unmittelbar benachbarten nordwestlichen Landschaften mit besonders fortgeschrittener Entwicklung höfisch-ritterlicher Gesellschaft. Mit der raschen Entfaltung einer mittelhochdeutschen Dichtersprache auf süddeutscher Grundlage verlor sie allerdings bald ihre Vorrangstellung. Man empfand sie wohl als unmodern und altertümlich.

Im folgenden sind einige Züge der Sprache Veldekes zusammengestellt, die zugleich den Abstand vom südlichen und jüngeren „Mittelhochdeutschen" deutlich machen sollen.

Vokale. Alte Kurzvokale sind in offener Silbe gedehnt, zu *ā, ę̄* (= mhd. *ë, ė*), *ǭ* (= mhd. *o*). Altes und Umlauts-*e* sind also zusammengefallen. *i* und *u* sind gleichzeitig zu *ē* und *ō* gesenkt. Dehnung gilt auch vor *rd, rt*. Alte Längen, aber nicht die Diphthonge, sind vor *cht* gekürzt. In geschlossener Silbe bleiben *i* und *e* wie *o* und *u* meist sauber getrennt. Es gelten *wale* (mhd. *wol*), *van* (mhd. *von*), *sal* (mhd. *sol*). *â* ist offener Laut, die andern Längen sind geschlossene Laute. Die alten Diphthonge erscheinen als *ei, ou, i* (= mhd. *ie*), *u* (= mhd. *uo* und *iu*), wobei letztere aber nicht mit den alten Längen zusammenfallen. *iuw, ouw* und *ûw* treffen sich bei Veldeke in *ouw*. Abgesehen von der Umlautlosigkeit des langen *â* steht Veldeke mit dem Umlaut auf der Seite des Deutschen, wenn er auch nur für den Umlaut von kurzem *a* ein eigenes Zeichen *e* kennt. Das tonschwache *e* ist besser erhalten als im Mittelhochdeutschen.

Die Konsonanten zeigen im allgemeinen niederfränkischen Lautstand, d. h. *t, p, k* bleiben unverschoben, ebenso *d*, für *b* sind die Reibelaute *v* im Inlaut, *f* im Auslaut erhalten, auch *g* ist an- und inlautend Reibelaut geblieben, dem im Auslaut *ch* entspricht. Es gilt überhaupt Auslautsverhärtung. Nur im Bereich der Gutturale sind gewisse lautverschobene Fälle von den Rheinlanden nach Limburg vorgedrungen. Fest sind bei Veldeke die Pronomen *ich, mich, sich, uch*, auch *ouch*. Intervokalisch ist *h* geschwunden, ebenso in der Verbindung *lh. hs* ist zu *s(s)* angeglichen. *ft* erscheint als *cht. w* ist vor *r* erhalten, geschwunden in *suster* (= mhd. *swester*), *tuschen* (= mhd. *zwischen*). Veldeke kennt *r*-Umstellung. Nasalschwund gilt in *vif* (= mhd. *vünf*), *sachte* (= mhd. *sanfte*), *joget* (= mhd. *jugent*), *doget* (= mhd. *tugent*).

Substantive. Neben dem alten Flexionstyp *stat, stede, stede, stat* steht schon oft durchstehend ausgeglichen *stat*. Starke und schwache Femina auf -*e* sind zusammengefallen in der Flexion Sing. -*e*, -*en*, -*en*, -*e*, Pl. -*en*. Die gleiche Einheitsdeklination gilt für die schwachen Maskulina, zu denen bei Veldeke nach nordwestlicher Art auch *vrede* (= mhd. *vride*), *sede* (= mhd. *site*), *scu* (= mhd. *schouch*) und *kni* gehören. Beim Geschlecht der Substantive sind gelegentliche Abweichungen vom Mittelhochdeutschen zu beachten.

Beim Adjektiv gehören zum *e*-losen Typ auch *hart, vast, swar, trach, gevuch*. In der Flexion fallen auf die Typen *live kint* (= mhd. *liebez kint*), *te guden spele* (= mhd. *ze guotem spil*), dazu die eigentümliche nordwestliche Angleichung des Adjektivs an das vorausgehende Pronomen im Typ *sines lives vrundes*. Im Nom. Pl. der substantivierten Adjektive steht neben -*en* bei Bezeichnung einer Gruppe von Einzelwesen auch -*e*, wenn der Nachdruck auf dem Adjektiv bleibt.

Pronomen. *mich, dich, uns, uch* sind Einheitsformen für Dativ und Akkusativ, ebenso *heme* (= mhd. *ime* oder *in*), *weme* (= mhd. *wem* oder *wen*). An *h*-Pronomen gelten *he* (= mhd. *er*), *heme* (= mhd. *ime, in*), *hen* (= mhd. *in*), *here* (= mhd. *ir*). Das Possessiv *unse* hat kein *r*.

Veldeke kennt noch die Instrumentalfügungen *(des) di bat* und *di gelike.*

Verben. Die 3. Pl. Präs. Ind. endet auf *-en*, in der 2. Sing. Prät. Ind. der starken Verben gilt schon die Analogieform auf *-s.* In der *e*-Reihe der starken Verben ist im Präsens der Wechsel zwischen *i* und *e* zugunsten von *e* aufgegeben. *vechten* gehört zur III., *plegen* zur IV., *steken* zur V. Klasse. Schwache Verben sind bei Veldeke *geschin, geschide* (= mhd. *geschehen, geschah*) und *gin, gide* (= mhd. *jehen, jah*). Es gelten *seggen, segede* (= mhd. *sagen, sagete*) und *hebben, hadde* (= mhd. *haben* od. *hân* und verschiedene Prät.). Viele Verben zeigen „Rückumlaut", *gan, stan, van* in der 2. 3. Sing. Präs. die charakteristischen nordwestlichen *-ei*-Formen, z. B. *geis, geit.* Beachtlich sind *ich du* ohne *-n, du duts* wie *du muts, willen* (= mhd. *wellen*) mit dem Präs. Ind. *wille, wilt, wil(le)t*, Konj. *wille*, Prät. *wolde. laten* zeigt wie *hebben* keine zusammengezogenen Formen. Die Verbalrektion weicht gelegentlich vom Mitteldeutschen ab.

Der Wortschatz ruht auf breiter nordwestlicher Grundlage und steht in natürlich gewachsenen Verbänden verschiedenen Alters, verschiedener historischer Tiefe und geographischer Spannweite, die von literarischem Lehngut aus früher deutscher Dichtung nur schwach überzogen werden. So weit sich das bisher übersehen läßt, sind z. B. nur mittelniederländisch *winnen* ‚(das Land) bebauen', *dringen* ‚bedrängen', *unminne* ‚Nachteil, Übel, Schade', *genadelike* ‚demütig, unterwürfig', *in buten stan* ‚büßen', *te mute stan* ‚entgegenstehen', haben sich nach dem Nordwesten zurückgezogen *andach* ‚Gedächtnisfest', *entginnen* ‚aufschneiden', *entmaren* ‚losbinden', *gehirmen* ‚ruhen', sind mittelniederländisch-mittelniederdeutsch *art* ‚Land', *varen* ‚verfahren, zu Werke gehen, sich betragen', mittelniederländisch-rheinisch-mittelniederdeutsch *dumensdach* ‚jüngstes Gericht', *eilant* ‚Insel', *gisteren* ‚gestern', *negen* ‚neun', *weke* ‚Woche', mittelniederländisch-rheinisch *swegel* ‚Schwefel', *halden* ‚sich befinden', *verwinnen* ‚überwinden', *negeiner wis* ‚keineswegs'. Bis ins Mitteldeutsche reichen die *b*-Bildungen *binnen, boven, buten*, ferner *dougen* ‚leiden', *langen* ‚darreichen', *merren* ‚zögern', *vlit* ‚Wasser, Flut, Strömung', *vrie* ‚Brautwerbung'. Altes, das der Nordwesten aufgibt, hält Veldeke resthaft in *genen* ‚offenstehen', *magencracht* ‚Kraft, Macht', *run* ‚ruhen', *selede* ‚Wohnsitz', *stut* ‚Herde von Zuchtpferden', *unde* ‚Woge', allgemein Absterbendes und Veraltendes in *anesedele* ‚Wohnsitz', *antfas* ‚mit gelöstem Haar', *deren* ‚schaden', *geswaslike* ‚heimlich', *undern* ‚Mittag', *winie* ‚Ehefrau'. Zum Mittelhochdeutschen stimmt Veldeke mit *adelar* ‚Adler', *dageweide* ‚Tagreise', *darmgurdel* ‚Bauchriemen', *evenmaten* ‚vergleichen, gleichstellen', *gehilte* ‚Schwertgriff', *gevallen* ‚gefallen', *gewareheit* ‚Sicherung', *sma* ‚verächtlich', *-stunt* ‚-mal', *swertleide.*

Veldekes Dichtungen zeigen einen im Vergleich zu jüngeren mittelniederländischen und mittelhochdeutschen höfischen Romanen erst mäßigen Einbruch romanischen, vor allem französischen

Fremdgutes in den Wortschatz. Es ist aber ein eigener, charakteristischer Kreis von Fremdwörtern, die, etwa im Falle des ›Eneasromans‹, durchaus nicht immer von der Vorlage angeregt sind. Sie werden in den der benachbarten französischen Kultur besonders aufgeschlossenen nordwestlichen Landen an der Maas der Sprache der Gebildeten vertraut gewesen sein. Sind es in der ›Servatiuslegende‹ vor allem Wörter des religiösen Bereichs wie z. B. *gebenedien, vermaledien, heresie, costerie, abdie, procession, casse* ‚Reliquienschrein‘, so im ›Eneasroman‹ etwa Wörter für den Krieger wie *soldir, sariante,* Wörter aus der Kampf- und Belagerungstechnik wie *juste, behurt, tornei, castel* ‚mit Zinnen bewehrter Turm auf einem Kriegsschiff‘, *sentine* ‚Kielraum‘, *lazstein* ‚Schleuderstein‘, *matrelle* ‚bolzenähnliches Geschoß‘, *justiren, puniren, balziren* ‚ritterlich gürten‘, Stoffbezeichnungen wie *baldekin, cateblatin, osterin, dimit,* Sachbezeichnungen wie *griffel, inket* ‚Tinte‘, *perment, lenement* ‚Docht‘.

Veldekes Ausdrucksweise ist erstaunlich stark rechtssprachlich durchsetzt. Dazu gehören Doppelformeln wie *driven ende dragen, sekeren ende sweren, dingen ende verlien, laden ende bidden,* Wörter und feste Fügungen wie etwa *beherden* ‚ein Recht geltend machen auf‘, *gebreken* ‚streitig machen‘, *sich verschriven* ‚Verzicht leisten auf‘, *gruten* ‚anklagen, zur Rede stellen‘, *te reden setten* ‚zur Rechenschaft ziehen‘, *te buten gesetten* ‚büßen lassen‘, *op bescheidene rede* ‚laut Abmachung‘, *di rede sweren* ‚die Abmachung durch Eid bekräftigen‘.

In all dem gehen ›Servatiuslegende‹ und ›Eneasroman‹ grundsätzlich zusammen. Unterschiede, die gelegentlich überbetont wurden und sogar zu Zweifeln an der Einheit des Verfassers führten (G. Jungbluth), liegen natürlich begründet in Stoff und Gattung, Legende und Ritterroman, die in völlig verschiedenen literarischen Traditionen stehen, wie in unterschiedlicher Zielsetzung und Geisteshaltung. Das erklärt etwa die Vorliebe der ›Servatiuslegende‹ für *knecht* (meist *godes knecht*), *holde, drut* (meist *godes drut*) und *gut* ‚fromm, heilig‘, des ›Eneasromans‹ für *belet, wigant, riddere, degen* wie *lussam, mare, rike, edele.* In der ›Servatiuslegende‹ herrscht *stat* vor, im ›Eneasroman‹ *burch.* Für Gottes Fügung und Vorsehung und das Patronat der Heiligen stehen natürlich andere Vokabeln bereit (z. B. *gehengen, gestaden, helpen, beschirmen*) als für das Walten des Schicksals, das nach dem Willen der Götter geschieht (z. B. *gelücke, heil, unheil, walden, geschin*).

Veldeke erfüllt schon in einem hohen Maß die Forderungen des reinen Reims, allerdings im Rahmen seiner sprachlandschaftlichen Möglichkeiten. Resthaft unreine Reime, wie z. B. *mâch* ‚Verwandter‘ : *gesach, got* : *dôt, gerne* : *turne, ander* : *wunder, meister* : *prister, vrede* ‚Friede‘ : *rede, resen* ‚Riesen‘ : *genesen* hängen mit zähen Reimtraditionen zusammen oder erklären sich durch Gegenreimschwierigkeiten. Im übrigen wird Veldekes Reimpraxis bestimmt durch eine Fülle ausgesprochen nordwestlicher Reimtypen engerer oder weiterer Geltung, charakteristisch für die frühe Blüte maasländisch-westmitteldeutscher Dichtung. Sie machen den reimsprachlichen Abstand von den Vertretern der mittelhochdeutschen Klassik aus. Dazu gehören z. B. die Typen *rade* ‚Rate‘ : *dade* ‚täte‘, da Veldekes Heimat Umlautlosigkeit von *â* wahrt, *brachte* : *nachte, dochte* ‚dünkte‘ : *mochte* mit Kürzung vor *cht, horde* ‚hörte‘ : *antworde* mit Dehnung vor *rd, knechte* : *geslechte* mit Zusammenfall von altem *e* und Umlauts-*e, senden* : *vinden* mit Berührung von *i* und Umlauts-*e, rouwe* : *vrouwe* : *getrouwen* mit Zusammenfall von *iuw, ouw, ûw* in *ouw, don* ‚tun‘ : *son* ‚Sohn‘, *nit* ‚nicht‘ : *rit* ‚riet‘, *ho* : *vro, bevelen* : *helen, vas* ‚Haar‘ : *was*, jeweils mit *h*-Schwund, *neve* : *geve* ‚Gabe‘, *urlove* : *hove, darf* : *starf* ‚starb‘, auch *dach* ‚Tag‘ : *sach*, jeweils mit erhaltenem Reibelaut, *nacht* : *cracht* mit *cht* aus *ft*, dazu das grob mundartliche *gelochte* ‚glaubte‘ : *verkochte* ‚verkaufte‘, *scade* : *stade* mit unverschobenem *d*, häufig *-e* : *-en, sagen* ‚sahen‘ : *vragen, sal* ‚soll‘ : *al, here* ‚Herr‘ : *sere, is* ‚ist‘ : *gewis*. Im Falle der Lautverschiebung, die in Einzelworten mit Erfolg gegen die Maaslande andrang, läßt Veldeke im allgemeinen seine heimische Lautung nicht im Reime hervortreten, ohne daß man dies unbedingt als Rücksicht aufs Hochdeutsche deuten müßte. Er behält aber bei Typen wie *gebut* p. p. : *mut* (mhd. *-ʒt* : *-t*) und *scat* ‚Schatz‘ : *bat* ‚besser‘ und verrät sich vor allem durch eine nicht geringe Anzahl von Zwitterreimen vom Typ *bleich* : *sweich* (mhd. *-h* : *-c*, mndl. *-c* : *-ch*), die typisches Gewächs eines Lautverschiebungsgrenzgebietes sind. Einen stärkeren Zuschuß rheinisch-mitteldeutscher und allgemein hochdeutscher Typen zeigt, wie kaum anders zu erwarten, der „thüringische“ Schluß des ›Eneasromans‹ bei gewahrtem nordwestlichem Grundbestand. Zu diesen hochdeutschen Zuschüssen gehören z. B. *herde* neben *hart, gedrenge* neben *gedranc, sprach* : *sach, gesiget* : *liget*.

Literatur:

W. Braune, Untersuchungen über Heinrich von Veldeke, in: ZfdPh. 4, 1873, S. 249–304.

K. Bartsch, Über Veldekes Servatius, in: Germania 5, 1860, S. 406–431.

O. Behaghel, Heinrichs von Veldeke Eneide, 1882. Darin S. XXXVII-CXI: Die Sprache Heinrichs von Veldeke.

J. H. Kern, Zur Sprache Veldekes, in: Philologische Studien, Festgabe für E. Sievers, 1896, S. 221–230.

J. Franck, Schriften zur limburgischen Sprache und Literatur, in: Tijdschrift voor Taal en Letteren 8, 1898, S. 50–52, 105–109, 135–138, 337–341, 387–392, 415–421, 463–475, 503–515.

C. von Kraus, Heinrich von Veldeke und die mhdt. Dichtersprache. Mit e. Excurs von Edw. Schröder, Veldeke und die Fremdwörter, 1899. – Rez.: J. Franck, in: AfdA 26, 1900, S. 104–117; vgl. auch L. Zatočil, Ein vergessenes Kapitel aus der Geschichte der tschechischen Germanistik, in: Sborník prací fil. fak. brnónské univ. III, 1954, c. 3, S. 58–66.

Th. Frings/J. van Ginneken, Zur Geschichte des Niederfränkischen in Limburg, in: ZfdMdaa. 14, 1919, S. 97–208.

Th. Frings, Das Wort *Deutsch*, in: Altdtsches Wort u. Wortkunstwerk, Georg Baesecke z. 65. Geb., 1941, S. 46–82.

Th. Frings/G. Schieb, Heinrich von Veldeke I: Die Servatiusbruchstücke, in: Beitr. 68, 1946, S. 1–75; auch in Buchausgabe: Heinrich von Veldeke. Die Servatiusbruchstücke und die Lieder. Grundlegung einer Veldekekritik, 1947, S. 1–75.

Th. Frings/G. Schieb, Heinrich von Veldeke VII: Die Sprache der Lieder. Anhang: Heimatbestimmung der Überlieferung A, in: Beitr. 69, 1947, S. 155–226, auch in Buchausgabe: Heinrich von Veldeke. Die Servatiusbruchstücke und die Lieder, 1947, S. 229–300.

Th. Frings/G. Schieb, Heinrich von Veldeke zwischen Schelde und Rhein, in: Beitr. 71, 1949, S. 1–224; auch in Buchausgabe: 1949; Register dazu in: Beitr. 74 (Halle), 1952, S. 64–72.

Th. Frings/G. Schieb, Das Fremdwort bei Heinrich von Veldeke, in: Miscellanea Academica Berolinensia. Ges. Abhandlgen zur Feier d. 250jähr. Bestehens d. Dt. Akademie d. Wissenschaften zu Berlin. Bd 2/1, 1950, S. 47–88.

G. Schieb/Th. Frings, Heinrich von Veldeke XIII: Die neuen Münchener Servatiusbruchstücke, in: Beitr. 74 (Halle), 1952, S. 1–43, Register S. 72–76, auch in Buchausgabe 1952.

Die epischen Werke des Henric van Veldeken I: Sente Servas. Sanctus Servatius, kritisch hg. Th. Frings u. G. Schieb, 1956.

J. van Mierlo, De taal van Veldeke, Koninklijke Vlaamse Academie voor Taal- en Letterkunde, Verslagen en Mededelingen 1958, S. 243–271.

G. Schieb, Die handschriftliche Überlieferung der Eneide Henrics van Veldeken und das limburgische Original, in: Sitzungsberichte der Deutschen Akademie der Wissenschaften zu Berlin, Klasse für Sprachen, Literatur u. Kunst 1960, Nr 3.

G. Schieb, Auf den Spuren der maasländischen Eneide Henrics van Veldeken, in: Studia Germanica Gandensia III, 1961, S. 233–248.

G. Schieb, De Maaslandse Eneide van Henric van Veldeken, in: Wetenschappelijke Tijdingen 22, 1962, S. 97–104.

Henric van Veldeken, Eneide I: Einleitung, Text, hg. G. Schieb und Th. Frings (DTM 58) 1964. II: Untersuchungen von G. Schieb unter Mitwirkung von Th. Frings (DTM 59) 1965.

b) Versbau | Stil

Die Vorlagen von Veldekes epischen Dichtungen boten, im Falle der ›Servatiuslegende‹, lateinische Chronik-Prosa, im Falle des ›Eneasromans‹, zu Reimpaaren verbundene französische

18

Achtsilber, also den üblichen Vers des höfischen Romans. Der maasländische Dichter hat sie umgegossen in akzentuierende Reimpaarverse mit vier oder drei Hebungen mit verhältnismäßig freier Füllung der Senkungen, so daß die Verse im Umfang etwa zwischen fünf und zwölf oder gar dreizehn Silben schwanken, z. B. ›Serv.‹ 2856 *dát úren líve*, 1067 *alse schíre álse he et hádde vernómen*. Veldeke verbindet also westlich-französische Eleganz und Strenge mit gewissen Freiheiten der Tradition des deutschen Verses und liegt damit auf dem Wege zum Vers der mittelhochdeutschen Klassiker, die dann zu noch stärker ordnender Gesetzlichkeit fortschreiten. Der Auftakt ist frei. Er kann fehlen oder bis zu drei Silben umfassen. Manche Unterschiede sind natürlich gegeben durch die landschaftlich abweichenden Sprachformen, so daß Veldekes Vers zugleich auch zwischen „Niederländisch" und „Deutsch" steht, was ihn mit den Rheinländern verbindet. Besondere Rücksicht auf deutsche Verstechnik (VON KRAUS) ist ihm nicht nachzuweisen. Metrische Grundtypen sind der vierhebig stumpfe Vers, z. B. ›En.‹ 9084 *dát ne séget mén uns nít*, und der dreihebig klingende Vers, z. B. ›En.‹ 9081 *tút den sélven stúnden*. Wegen Dehnung alter Kürzen in offener Silbe gehören zum letzten Typ bei Veldeke auch z. B. ›En.‹ 3111 *véle ná verlóren*. Seltenere vierhebig klingende Verse, gern zur Beschwerung des Abschnittsendes verwandt, beschränken sich fast ganz auf den Typ mit gedehnter Kürze, z. B. ›En.‹ 8 *níne wólde'r dáre kómen*. Es gilt metrischer Gleichlauf im Reimpaar. Beliebt ist metrische Hervorhebung durch Fehlen der Senkung zwischen zwei Hebungen, die sogen. „beschwerte Hebung", z. B. ›Serv.‹ 1496 *dore sénté Servácion*, ›En.‹ 9113 *der Tróiáre Árrás*.

Die flüssig aneinandergereihten Reimpaare sind zu Abschnitten zusammengefaßt, die, so sehr die Überlieferung auch im einzelnen variiert, gewiß schon vom Dichter selbst stammen, da Anfang und Ende gelegentlich auch durch sprachliche Mittel markiert sind, etwa durch Übergangs-, Fortsetzungs-, Neuanfangs- oder Abschlußformeln, auch durch die in ›Servatiuslegende‹ wie ›Eneasroman‹ beliebte Abschnittsverknüpfung, eine Art Wiederaufnahme des am Ende eines Abschnitts Gesagten zu Beginn des nächsten Abschnitts, z. B. ›En.‹ 4808 f. *dat hus si verbranden. – Du di veste was verbrant . . .*, ›En.‹ 4945 ff. *ginc . . . bit unminnen | tut der koninginnen. – Du'er in di kemenade ginc, | minnelike heme entfinc | di koninginne rike*, ›Serv.‹ 353 ff. *dat he . . . di ordene entfinc, | di heme te salden erginc. – Du aldus der heilege man | alle sine ordenen gewan . . . .* Kurze Abschnitte von 8,

10, 12 Versen u. ä. sind sehr selten. Ebenso selten sind sehr lange Abschnitte von über 70 oder gar über 100 Versen. Gewöhnlich bewegen sie sich zwischen etwa 24 und 50 Versen. Wie sich Abschnittstechnik und Erzähltechnik zueinander verhalten, bleibt noch zu untersuchen. Auffallend ist, daß neue Szenen mitten in einem Abschnitt beginnen können. Neben schlichter Parataxe mit Gleichlauf von Vers und Sinn und Auslauf des Gedankens mit Vers- oder Reimpaarende stehen mannigfaltige Formen der Vers- und Reimbrechung. Veldeke liebt es, lange Gesamtsätze auszuspinnen in ständigem bunten Wechsel von Neben- und Unterordnung, so daß man heute oft ratlos fragt, wo eigentlich ein solcher Satz beginnt und wo er schließt. Das mag einen flüssigen Fortgang des Vortrags begünstigt haben und Einschnitte noch stärker haben hervortreten lassen. Kritische Ausgaben, die moderne Interpunktion einführen, stoßen hier gelegentlich an unüberwindliche Grenzen.

Beispiele von zehn Verse umspannenden Gesamtsätzen: ›En.‹ 3454 ff. *dese hebben beide | den smerte bit den sorgen | den avunt ende den morgen | in den afgrunde, | dat't dich geseggen ne kunde | niman in ertrike, | de levet menneschlike, | alse ich et dich geseggen mach, | want ich et selve gesach | ende ich dare komen bin.* ›En.‹ 13277 ff. *ouch dochte Lavinen, | der liver brut sinen, | du si heren liven man | na heren willen gewan | ende he drude heren lif, | du dochte here dat alle wif | ane vroude waren, | di suliker minnen entbaren | alse si hadde te aller tit | ane hude ende ane nit.*

Zusammengehalten werden so locker gefügte Perioden gern durch Leitwörter, die immer wieder in gleicher oder verwandter Form aufgenommen werden.

Das Ringen mit dem reinen Reim, das für einen Deutschen mit seiner reimarmen Sprache viel schwieriger sein mußte als für einen Franzosen, hat gewiß die Breite des Stils mitveranlaßt. Darum ist die Sprache auch so stark formelhaft durchsetzt. Man hat darin Reste des volksepischen Stils der Chansons de Geste zu sehen, wieviel höfische Eleganz sich daneben auch schon entfaltet.

Veldeke liebt die zweigliedrige Formel, vorwiegend gleichlaufend in Form und Inhalt, z. B. *turne ende muren, bit sinne ende bit maten, in di kemenade ende in den sal, vechten ende schirmen, widen ende langen,* aber auch gegensätzliche, z. B. *arme ende rike, rouwech ende vro, den lichteren ende den besten,* mit präpositionalem Wechsel *op genade ende dore not,* ferner stabende wie *gedriven ende gedragen, gevestet ende gevriet, vermerren ende vermiden* oder Verbindungen von heimischem Wort und Fremdwort wie *di sucht ofte dat fiver.* Gelegentlich stößt man auf Annomination wie *sine vart varen, versunen bit sunliken saken.* Auch sonst ist Variation und Wiederholung zu beobachten. Die Darstellung ist durchsetzt mit Entschuldigungen, Quellenberufungen, Vorausdeutungen, Rückverweisen, Wahrheitsbeteuerungen, auch reinen Flickversen zur Auffüllung der Reimpaare. Stilprägend wirken gehäufte *du...* *du*-Konstruktionen, pronominale Vorwegnahmen, superlativische Auszeichnungen, die das jeweils Genannte als das Beste und Schönste kennzeichnen, die überreiche Verwendung des charakterisierenden und schmückenden Beiworts, immer wiederkehrende Wendungen wie *alse't heme* (*here* ‚ihr‘, *gode, koninge, helde, heren, vrouven* u. ä.) *wale getam* zur Charakterisierung einer Handlungsweise, wie sie sich gehört, oder *er ginc... da er heme* (*den koninc* u. ä.) *vant* für den einfachen Sachverhalt ‚er ging zu...‘ (BRINKMANN, BAYER). Manche Stilform ist im Französischen vorgebildet, und es lassen sich zwischen ›Roman d'Eneas‹ und ›Eneasroman‹, auch ›Servatiuslegende‹, Entsprechungen feststellen wie etwa *joios et liez = blide ende vro, son corage et son pensé = herte ende sin, ne puis ne ainz = ere noch sint, ne un oef = nit ein ei, blans come neis = wit alse ein sne, comparer, achater molt chier = dure koupen, n'estoveit mie demander = niman ne darf des vragen, n'est merveille = ne is negein wunder.* Aber die Entsprechungen sind nicht unmittelbar. Die Formeln, festen Fügungen und Vergleiche sind auf beiden Seiten, im Französischen wie im Deutschen, frei verfügbar und stellen sich nach Bedarf ein. Veldekes Repertoire berührt sich in vielem mit dem der Rheinländer und älterer deutscher Dichtung (VAN DAM). Was aber dem Französischen unmittelbar nachgebildet scheint, ist die Stichomythie bei lebhafter Wechselrede, z. B. ›En.‹ 9791 ff. „*sal ich heme min herte geven?*“ | ‚*ja du.*‘ „*wi solde ich dan geleven?*“ | ‚*du ne salt et heme so geven nit*‘. Aber auch hier steht neben übersetzenden Entsprechungen an frühen Stellen des ›Eneasromans‹ freiere und selbständigere Verwendung dieser Stilform an späteren Stellen. Veldeke übernimmt nicht nur in vermehrter und gesteigerter Form die Anapher *amors* in den Liebesmonologen seiner Vorlage als verseinleitendes *minne*, sondern läßt sich dadurch anregen, *minne* auch gehäuft in den Reim zu setzen, womit er das so wirkungsvolle Reimspiel in den deutschen höfischen Roman eingeführt hat. Auch im Anredestil ist Veldeke von seiner Vorlage unabhängig (EHRISMANN). Während dort noch die patriarchalische, volkstümliche Sitte des Duzens herrscht, hat Veldeke in seinem ›Eneasroman‹ den modern-höfischen Anredestil mit vorwiegendem Ihrzen streng durchgeführt. Das Du gilt nur für den Untergebenen und Unterlegenen und hat gelegentlich besonders wirkungsvolle Funktion. Die Servatiuslegende bleibt ihrem Gattungsstil entsprechend beim volkstümlichen Du. Worüber man im Mittelalter gelacht hat, läßt sich heute kaum mehr mit Sicherheit feststellen. Gelegentlich möchte man einzelne Verse bei Veldeke als sehr nüchternen und trockenen Humor auffassen, der zur Erheiterung des Publikums beigetragen haben mag. So etwa wenn es nach der Feststellung 140 f. *du verlos he* (= *Eneas*) *sin wif | ere si te schepe quamen* abschließend heißt *ich ne weit we si heme name*, oder wenn, nachdem sich das Königspaar im Zorn getrennt hat, Veldeke lakonisch schließt *he was des wale beraden | dat he se laten solde | spreken wat si wolde.* Auch die Bemerkung 11844 f. *he* (= *Latin*) *nam sinen livesten got, | der ander he aller vergat* hat ironischen Beiklang. Neben viel Breitem und Schleppendem gelingt Veldeke gerade in den Monologen und Dialogen auch manche elegante Wendung. Ob die Reden darüber hinaus auch in reihenden Zahlenverhältnissen oder zahlensymmetrisch komponiert sind (GERNENTZ), bleibt zu erwägen. Veldeke bewegt sich, im Gefolge der antikisierenden höfischen Romane des 12. Jhs, die sich die anglonormannische Elitegesellschaft geschaffen hat, auf der Ebene des „mittleren Stils", der gefallen und überreden will, den die mittelalterliche Schultradition aus spätantikem Erbe vermittelte. Dazu stimmt Veldekes Neigung zu prunkvollen und ausladenden Beschreibungen, die im ›Eneasroman‹, nicht in der ›Servatiuslegende‹, hervortritt. Besonders zu erwähnen sind seine Beschreibungen der menschlichen Gestalt, wie Dido im Jagdschmuck, Kamille im Waffenschmuck oder die häßliche Sibille, des Pferdes der Kamille, der Waffen des Eneas und vor allem dann die umfänglichen Beschreibungen der Grabmäler des Pallas und der Kamille. Sie sind zwar literarisches Klischee (H. BRINKMANN), wurden aber von Veldeke der deutschen höfischen Literatur erobert. Dies Verdienst haben seine jüngeren deutschen Dichterkollegen voll anerkannt. Das Lob Gotfrids von Straßburg im ›Tristan‹ 4738 ff. *er inpfete daz erste ris | in tiutischer zungen: | da von sit este ersprungen, | von den die bluomen kamen, | da si die spaehe uz namen | der meisterlichen vünde* gilt im Bilde vom Baum der Poesie, wie es zu gleicher Zeit auch Galfrid de Vinosalvo in seiner ›Poetria nova‹ gebraucht (C. MINIS), Veldekes bewunderter Beschreibungs- und Schilderungskunst. Das gleiche meint Wolfram von Eschenbach, wenn er ›Parz.‹ 292,18 f. der Minne klagt *her Heinrich von Veldeke sinen boum | mit kunst gein iwerm arde maz.* Veldeke liegt wie seine anglonormannischen Vorbilder erst auf dem Wege zum voll ausgebildeten höfischen Stil. Zu ihm wird sich dann erst Chrestien de Troyes befreien zugleich mit seinem glücklichen Griff zu neuen Stoffbereichen. Veldekes Bedeutung besteht darin, die Vorstufe dieses neuen höfischen Stils, individuell verfeinert, ins Deutsche weitervermittelt und damit den süddeutschen Klassikern den Weg vorbereitet zu haben.

LITERATUR:

C. VON KRAUS, Die ursprüngliche Sprachform von Veldekes Eneide, in: Festschrift Kelle, 1908, S. 211–224.

TH. FRINGS/G. SCHIEB, Heinrich von Veldeke zwischen Schelde und Rhein, 1949, Anhang S. 212–216.

U. PRETZEL, Vers und Sinn. Über die Bedeutung der ‚beschwerten Hebung‘ im mhdt. Vers, in: Wirk. Wort 3, 1952/53, S. 321–330.

R. VON MUTH, Heinrich von Veldeke und die Genesis der romantischen und heroischen Epik um 1190, 1880.

Heinrichs von Veldeke Eneide, mit Einleitung und Anmerkungen hg. O. BEHAGHEL, 1882, Einleitung S. CXI–CXLII.

H. ROETTEKEN, Die epische Kunst Heinrichs von Veldeke und Hartmanns von Aue, 1887.

G. EHRISMANN, Duzen und Ihrzen im Mittelalter, in: ZfdWortforschung 5, 1903/4, S. 133–136.

J. VAN DAM, Das Veldeke-Problem, 1924.

J. VAN DAM, De letterkundige beteekenis van Veldeke's ›Servatius‹, in: Tijdschr. voor Nederlandse Taal- en Letterkunde 47, 1928, S. 202–250.

H. BRINKMANN, Zu Wesen und Form mittelalterlicher Dichtung, 1928.

M. BÜLBRING, Zur Vorgeschichte der mittelniederländischen Epik. Eine vergleichende Untersuchung der Kampfformeln, 1930.

H. HEMPEL, Französischer und deutscher Stil im höfischen Epos, in: GRM 23, 1935, S. 1–24.

G. JUNGBLUTH, Untersuchungen zu Heinrich von Veldeke, 1937.

E. AUERBACH, Literatursprache und Publikum in der lateinischen Spätantike und im Mittelalter, 1958, Kap. III: Camilla oder über die Wiedergeburt des Erhabenen, S. 135–176.

H. J. GERNENTZ, Formen und Funktionen der direkten Reden und Redeszenen in der deutschen epischen Dichtung von 1150–1200, Habil.-Schr. Rostock 1960.

H. J. BAYER, Untersuchungen zum Sprachstil weltlicher Epen des deutschen Früh- und Hochmittelalters (Philolog. Studien u. Quellen. Heft 10) 1962.

C. MINIS, Er inpfete das erste ris, Antrittsvorlesung Amsterdam, 1963.

III. LIEDER

wie wol sanger von minnen! rühmt Gotfrit von Straßburg (»Tristan und Isold«, hg. F. Ranke, 1930, Vers 4728) Veldeke. Dies Lob gilt wohl auch seiner Liedkunst. Selbst Jüngere kennen Veldeke noch als Liederdichter. Überliefert sind Strophen unter seinem Namen erst in den drei großen alemannischen Liederhandschriften A B C, die um die Wende des 13. zum 14. Jh. zusammengestellt wurden. Es liegen also gut 100 Jahre zwischen Entstehung wie lebendiger Wirksamkeit dieser Lieder und der uns erhaltenen Niederschrift. Die kleine Heidelberger Liederhandschrift (= A) bietet, auseinandergerissen, unter

‚XII. Heinrich von Veltkilchen' 10 Strophen (1–10), unter ‚XXIV. Heinrich von Veltkilche' weitere 7 (11–17). Die Weingartner Liederhandschrift (= B) enthält unter ‚XVI. Maister Hainrich ū Veldeg' 48, die große Heidelberger Liederhandschrift (= C) unter ‚Her Heinrich von Veldig' 61 Strophen. B C stimmen oft zueinander, selten tritt A hinzu. A bietet andererseits einige Strophen, die B C nicht kennen. Die Anordnung ist verschieden. Allen Strophen hat der alemannische Schreiber seine hochdeutsche Sprachform übergeworfen ohne Rücksicht auf Feinheiten der Gestaltung, die die ursprüngliche Einheit von Wort und Weise erforderte, aber die Melodien waren wohl ohnedies nicht mehr bekannt.

Der Kritik blieb alles zu tun, so etwa die Erforschung der Vorgeschichte unserer Überlieferung, Sonderung des Echten vom Unechten, Abgrenzung ein- und mehrstrophiger Gebilde, Zusammenfinden gleicher Töne, Durchleuchten der metrischen Gestaltung, der Reimgestaltung, des Aufbaus von Strophe und Lied, möglicher Zyklenbildung, Bestimmung der Gattungszugehörigkeit, die Suche nach passenden Melodien, schließlich der Versuch einer Rückschrift in Veldekes Heimatsprache wie der literarischen Einordnung in die Geschichte des Minnesangs überhaupt. Über 100 Jahre schon hat sich die Forschung um Veldekes Lieder gemüht, aber es bleiben bei allem Erreichten noch genügend dunkle Punkte.

Die Vorlagen unserer Handschriften kennen wir nicht. Aber alles deutet darauf, daß auch sie schon fehlerhaft waren und willkürliche Umordnungen der Sammler und Schreiber zeigten. Immerhin läßt sich hinter A 11–17 eine maasländische Vorlage von etwa 1300 erschließen, hinter A 1–10 eine getrennte kölnische Sammlung, die den Weg vom Nordwesten nach dem Süden veranschaulichen können. Weiter kommen wir nicht zurück.

Schon M. Haupt und F. Vogt hatten eine ganze Anzahl der insgesamt 61 Strophen als unecht erwiesen, so A 3–10, B C 46, 47 und den Anhang C 49–61. Dazu traten in der Fassung von Th. Frings und G .Schieb auf Grund der Sprache weitere vier, A 2 (= B C 11) und B C 29, 39, 45. H. Brinkmann sprach darüber hinaus Veldeke noch A 15 ab. H. Thomas geht wohl etwas zu weit, wenn er wegen allzu strenger Maßstäbe an Strophenbau, Versgestaltung und Inhalt noch weitere 13 Strophen für unecht hält, so A 1, 3, 13 und B C 30, 31, 34, 36–38, 41–44. Bleiben etwa 45 Strophen, die Veldeke zum Verfasser des Textes und wohl auch der Weise haben. Ihre Zusammenfassung zu ein-, zwei-, drei-, vier- und fünfstrophigen Gebilden blieb nicht unumstritten. Nach TH. FRINGS und G. SCHIEB fügen sich die Strophen zu 25 Liedern zusammen, 11 einstrophige, 10 zwei- strophige, 2 dreistrophige, ein vier- und ein fünfstrophiges Ge- bilde. Bei H. BRINKMANN, der manche Strophen nicht zusam- menfassen möchte, sind es 29 Lieder.

Metrischer Baustein der 6–12, bevorzugt 8 Verse umfassen- den Strophen ist fast ausschließlich der Vierheber mit wechseln- den Kadenzen. Daktylen zeigen nur ein oder zwei (Tanz)lieder. Neben einfacheren Strukturen überwiegt der dreiteilige Bautyp aus zwei Stollen und einem Abgesang. Veldeke beschränkt sich nach romanischem Muster gern auf zwei Reimbänder, deren Verschlingungen oft von den Periodenbildungen bestimmt werden, wie überhaupt Satzbau und strophische Gliederung fein aufeinander abgestimmt sind. H. THOMAS vermutet strenge Auftaktregelung.

Es läßt sich scheiden zwischen Tanzliedern, Sprüchen und höfischen Minneliedern, wenn auch die Gattungsgrenze zumal bei den Minnesprüchen fließend wird und Stücke mit Tanzlied- charakter sich steigernd mit Höfischem in Denken und Haltung verbinden, ja überhaupt die Minne das eine Grundthema aller Strophen ist. Die höfischen Minnelieder sind mehrstrophige Stücke letzter und höchster Kunst. Sie werden von der Über- lieferung an den Anfang gestellt, gewiß entgegen der Folge ihrer Entstehung. Die Handschriften verraten überhaupt trotz mancher Brüche noch inhaltliche Gruppen, an die eine Inter- pretation anknüpfen kann. Die rechte zeitliche Stelle eines je- den Stückes in Veldekes Schaffensprozeß festzulegen wird nie gelingen. Aber es läßt sich doch, mit aller Zurückhaltung, eine entwicklungsgeschichtliche Folge aufstellen, die psychologisch- künstlerischen Möglichkeiten, einem Weg des Reifens ent- spricht, und die ihr Gegenstück in der Entwicklung der Lyrik überhaupt hat. Eine solche denkbare geschichtliche Ordnung ist geboten von TH. FRINGS / G. SCHIEB in »Heinrich von Vel- deke, die Entwicklung eines Lyrikers«.

Eine Betrachtung von Veldekes Liedkunst hat einzusetzen bei den Kleinformen heimatlichen Ursprungs: Tanzlied und Spruch. Zwar ist das volkstümliche limburgische Tanzlied 66,1, nur aus einem Frühlingsbild bestehend, falsch unter des Dich- ters Namen geraten, aber solche Stücke sind Wurzelboden von Veldekes Liedern 65, 28 (1 Strophe, »Sommergruß« B.[1]), 64, 17

[1] B. = BRINKMANN.

(1 Strophe, »Fern vom Rhein« B.); 59, 23 (3 Strophen, »Erfüllung« B.); 57, 10 (5 Strophen, BRINKMANN nimmt die erste als Einzelstrophe »Froh und frei«), in denen Naturbild und gleichgestimmte Minnezeilen mit wachsender Gewichtsverschiebung zugunsten des Höfischen und mit von Stück zu Stück steigender Kunst verflochten sind. Auch das anspruchsvollere daktylische Lied 62, 25 (3 Strophen, »Im April« B.) verrät noch diesen Ursprung. Vom gegensätzlichen Naturbild macht 64, 26 (1 Strophe, »Zuversicht im Winter« B.) Gebrauch. Das gleichgestimmte oder gegensätzliche Naturbild bleibt Veldeke also willkommener Baustein auch in den Liedern der Hohen Minne. Es findet sogar Eingang in die Sprüche, denen es von Hause nicht zukommt. Im Vergleich zum frühen donauländischen Minnesang sind die Naturbilder wirklichkeitsnäher und mehr ins einzelne gehend.

Als Sprüche zu nehmen sind eine Reihe ein- und zweistrophiger Gebilde, die ausgesprochene Langzeilentechnik zeigen. Einstrophige Sprüche: 61, 1 (»Sittenlose Welt« B.); 65, 13 (»Herbstliche Welt« B., mit Naturbild verbunden); 65, 21 (»Der Wächter schlägt sich selbst« B.); 61, 9 (»Gegen Mißgunst« B., mit Anklängen an die Lieder der Hohen Minne). Zweistrophige Sprüche: 60, 29 und 65, 5 (von KRAUS verbunden und von BRINKMANN wieder getrennt als »Erlöse uns von den Bösen« und »Birnen auf Buchen«); 61, 18 (»Verfall der Minne« B.); 62, 11 (»Neues Zinn statt altem Gold« B.). Ausgangs- oder Zielpunkt sind allgemeine Erfahrungssätze in der Form des Sprichworts, des Spruches oder des volkstümlichen Vergleichs, die auf Besonderes angewandt werden. Charakteristisch sind pronominale Gerüstformeln und Leitworte. Neben dem Spruchstil in der dritten Person steht nur selten die Ich-Form. Die besondere Anwendung kreist um das Thema „Minne und Gesellschaft", den Verfall der alten Zucht, die Feinde rechter Minne. Die Überlieferung läßt noch Ansätze einer engeren Zusammengehörigkeit dieser Strophengruppe erkennen, außer 62, 11, wo Erfahrungen des alternden Dichters ausgesprochen werden.

Auch bei drei weiteren Liedern scheint die Anordnung der Handschriften alte Zustände bewahrt zu haben. Denn die drei Lieder 64, 34 und 66, 9 (von KRAUS verbunden und von BRINKMANN wieder getrennt als »Mond und Sterne« und »Der sterbende Schwan«); 66, 16 (1 Strophe, »Salomo« B.); 67, 25 (1 Strophe, »Dank« B.) gehören formal und thematisch enger zusammen. Bei nur schwachem Nachklingen von Elementen

des Tanzliedes und des Spruches gestalten sie rein höfische Lie-
beserlebnisse im Umkreis des Themas „Macht der Minne". Salomo ist als Leitgestalt in die Mitte gestellt, zu der Leitwörter
der anderen Lieder hinführen. Dieser Liederkreis erinnert an
die Liebesauffassung des ›Eneasromans‹. H. Thomas hat die
dazu gehörigen Lieder wohl zu Unrecht insgesamt als unecht
verdächtigt, teils aus formalen, teils aus inhaltlichen Gründen.
Veldeke sei eine strenger höfische Minneauffassung eigen, als
sie sich hier zeige.

Zu dieser strengeren Auffassung leiten hinüber die beiden
zweistrophigen Gebilde 61, 33 (»Reine Minne« B.) und 64, 1
und 64, 10 (von B. wieder getrennt in »Der Hase und der Wind-
hund« und »Ein Schrein voll Gold«; nach Th.[1] unecht). Im
ersten verbindet sich Spruchprägung, im zweiten der Gebrauch
plastischer Bilder mit hoher Minne nach Inhalt und Wortschatz.

Es bleiben Stücke höchster und letzter Kunst: 56, 1 (4 Strophen, »Verrat des Herzens« B.; von Th. auf 3 Strophen reduziert); 57, 10 (5 Strophen, von B. getrennt in 1 Strophe »Froh
und frei« und 3 Strophen, da eine unecht, »Abbruch des Spie-
les«; von Th. auf diese 3 Strophen reduziert); 58, 11 (2 Strophen, »Wünsche« B.; nach Th. unecht); 58, 35 (1 Strophe, da
die zweite unecht; B. 2 Strophen »Tristanliebe«; nach Th. unecht); 59, 23 (3 Strophen, »Erfüllung« B.). 60, 13 (2 Strophen,
»Freude in Ehren« B.); 67, 33 (2 Strophen, »Guter Dienst und
eine Freude« B.). Sie schließen sich, wie wir meinen, in ihrer
episch-lyrischen Art zu einem Liederkreis der „Hohen Minne"
oder, um bei einem von Veldeke bevorzugten Terminus zu
bleiben, der *rechten minne* zusammen, was die Überlieferung
trotz ihrer Brüche und Sprünge noch stützen kann. Man kann
sie sich gut als Zyklus in höfischer Gesellschaft vorgetragen
denken. Tristan ist in die Mitte gestelltes Schulbeispiel wie
Salomo in der anderen Liedergruppe. Die beiden kunstvollst
verfugten und aufeinander abgestimmten vielstrophigen Ein-
gangslieder sind Rollenlieder, das erste einem Manne, das zweite einer Frau in den Mund gelegt. Wir hören im bewegten Hin
und Her, daß das Liebesverhältnis nach hoffnungsvollem Beginn zum Bruch führen muß, da der Mann sich nicht an die
Spielregeln echter höfischer Minne hält. Im Miteinander von
Minnetheorie, Minnepsychologie und gesellschaftlichem Min-
nespiel liegt das Psychologische mehr auf der Seite des Mannes,
das Gesellschaftliche auf der der Frau. Beachtlich ist die logi-

---

[1] Th. = Thomas.

sche, den Kausalnexus hervorkehrende Gedankenführung, die umfängliche Satzgebilde herauführt, die für Veldeke, besonders auch in der Epik, charakteristisch sind. Das folgende Manneslied 58, 11 läßt dem Fluch über die Gegner des Liebesverhältnisses den Segenswunsch über die erwählte Herrin folgen. In gleichgestimmtem Naturbild findet die Sehnsucht nach Leidüberwindung und endliche *blitscap* ‚Freude‘ ihre Spiegelung. In der Tristanstrophe stellt der Mann seine Minne über die des Minnehelden Tristan, der der höfischen Gesellschaft nicht nur durch Chrestien de Troyes, sondern auch durch Eilharts ›Tristrant‹ schon ein fester Begriff gewesen sein mag. Damit ist der Höhepunkt überschritten. 59, 23 preist der Mann die *rechte minne*, zu der ihn seine Herrin erziehend geleitet und damit die Anwartschaft auf ungetrübte *blitscap* verschafft hat, die von Neidern in der Gesellschaft nun nicht mehr getrübt werden kann. Der Preis der verwandelnden Kraft einer solchen Minne, die unter Leitung der Frau Freude in Ehren ständig zu steigern vermag, setzt sich fort in den beiden folgenden von KRAUS als Duett erkannten Strophen. Das abschließende Manneslied 67, 33 wirkt wie ein zusammenfassender Ausklang, der die Leitworte des ganzen Liederkreises noch einmal zusammenklingen läßt im Glücksgefühl der erreichten *rechten minne: di minne is di min herte al umbeveit. | da ne is negeine dumpheit under, | mare blitscap di den rouwe sleit.* Dies Setzen von Themen, die sich durch Leitmotive und Leitworte dem Hörer fest einprägen, ist für viele Lieder Veldekes charakteristisch. Hier verrät sich rhetorische Schulung, der sich in der klaren Gedankenführung logisch darlegende Dialektik gesellt, beides wohl Früchte einer gediegenen Schulbildung.

In Veldekes kunstvollsten, ausgereiftesten Liedern tritt uns die Minne, zwar glutvoll sinnlich entstehend, dann doch als glänzend beherrschtes Gesellschaftsspiel entgegen. Veldeke selbst spricht von einem *spil*, das gewonnen oder verloren werden kann, je nach Beherrschung der höfischen Spielregeln. Veldeke kennt noch nicht das ständige sehnsuchtsvolle Trauern um ein unerreichbar bleibendes Ziel. Der *rouwe* ‚die Trauer‘ ist bei ihm *rechter minne* feindlich. Der höchsten Form zuchtvoller höfischer Minne, zu der die Frau Leiterin und Erzieherin ist, entspricht unbeschwerte Freude, *blitscap*, sommerlich entfalteter Natur entsprechendes Glücksgefühl. Ob das heitere Gesellschaftsspiel in Veldekes Liedern zugleich dem Dienst einer bestimmten Dame galt, an deren Hof seine Lieder zum erstenmal erklangen, wird immer ein Rätsel bleiben. SMITS VAN WAESBERGHE denkt an die Gräfin Agnes von Loon iunior, die Otto I. von Wittelsbach heiratete, den Servatiuskult nach Bayern verpflanzte und schon 1183 Witwe war. Ein geistvoller Einfall, für den man aber den Beweis schuldig bleiben muß, ebenso wie für den durchaus möglichen späten zeitlichen Ansatz 1190–1205.

Veldeke „dichtet, weit ab von den frühen Strophen der Donau, in der sanften Landschaft der Maas, im Grenzfeld zwischen Paris und Köln, da wo sich französisch und deutsch lebenwirkend begegnen" (FRINGS). Kein Wunder, daß man neben viel Eigenem im Strophenbau mittellateinische, altfranzösische und provenzalische Parallelen hat beibringen können, und Veldeke sich auch im Gehalt der entwickelteren Lieder von dieser Seite befruchtet zeigt. Merkwürdigerweise haben sich aber bisher bei ihm keine sicheren Kontrafakturen beibringen lassen, d. h. es hat sich nicht zweifelsfrei nachweisen lassen, daß er seine Lieder vorhandenen Melodien unterlegte, was eine weit verbreitete Praxis war. Das gleiche Formschema verbindet nach URSULA AARBURG und SMITS VAN WAESBERGHE einige Lieder Veldekes mit Liedmodellen der Franzosen Pierre de Molins, Gace Brulé, Conon de Béthune, Richart de Semilli und der Provenzalen Jaufré Rudel, Marcabru und Peirol, aber das braucht nicht zugleich Übernahme der Modellmelodien bedeutet zu haben. Sollte sie im einen der andern Fall wirklich erfolgt sein, dann ließe sich schließen, daß Veldeke die aristokratischen oder Hoftonarten, die Haupttonarten der christlich-liturgischen Musik bevorzugt hat, also mehr auf der Seite der klerikalen Kunstmusik als der Volksmusik stand. Es ist zu vermuten, daß er nicht nur der Dichter, sondern auch der Komponist der meisten seiner Lieder gewesen ist und daß er mehr eigene Melodien geschaffen hat als andere zeitgenössische Minnesänger. Zur Bildung gehörte ja neben der Theorie des Dichtens auch die des Komponierens, die wegen ihrer Einfachheit in damaliger Zeit auch ohne außergewöhnliche Spezialbegabung beherrscht werden konnte.

Die Rückschrift der hochdeutsch überlieferten Lieder ins Altlimburgische, Veldekes Muttersprache, wurde nach frühen Versuchen von K. BARTSCH, FR. VOGT und J. H. KERN vorgenommen von TH. FRINGS und G. SCHIEB. In dieser Form wurden die Lieder auch von C. VON KRAUS in der letzten Auflage von »Des Minnesangs Frühling« abgedruckt. Zu den vereinzelt abweichenden Lesungen von H. BRINKMANN in seiner »Liebeslyrik der deutschen Frühe in zeitlicher Folge« steht leider die angekündigte Begründung bis heute aus. Weiteren radikaleren Eingriffen in den Text gegenüber, wie sie H. Thomas gewissen Formidealen zuliebe vorgenommen hat, möchte man zurückhaltend bleiben.

Zwischen Veldeke und dem frühen deutschen Minnesang laufen keine Fäden hinüber und herüber und auch der deutsche Minnesang der nächsten Generation zeigt nur verschwindende Anklänge. Es ist, wie schon van Mierlo betonte, mit einer bodenständigen limburgisch-brabantischen lyrischen Tradition zu rechnen, die Heimisch-Volkstümliches mit Lateinischem, Französischem und Provenzalischem auf eigene Art verschmolz. Auf diesen kräftigen Stamm läßt sich zurückschließen aus seinen jüngeren Verzweigungen. Neben dem weltfrohen Veldeke wächst die verwandte geistliche Hadewijch, weiter abstehend „ein neuentdeckter niederländischer Minnesänger aus dem 13. Jahrhundert", das Weltlied der Maria Magdalena im sogen. Maastrichter (oder Aachener?) Osterspiel und Herzog Jan I. von Brabant.

Ausgaben und Literatur:

P. Piper in: Kürschners Deutsche National-Litteratur 4, 1, 1: Höfische Epik, Teil 1: Die ältesten Vertreter ritterlicher Epik in Deutschland, ca. 1890, S. 65–79.

L. J. Rogier, Henric van Veldeken. Inleiding tot den dichter en zijn werk met bloemlezing, 1931, S. 193–203.

Des Minnesangs Frühling. Nach Karl Lachmann, Moriz Haupt und Friedrich Vogt neu bearb. v. Carl von Kraus, [30]1950, X: Her Heinrich von Veldeke S. 64–87 und 397–413; [33]1964. Dazu Untersuchungen von Carl von Kraus, 1939, S. 160–193.

Th. Frings/G. Schieb, Heinrich von Veldeke. Die Lieder. In: Beitr. 69 (Halle), 1947, S. 1–284. Auch in Buchausgabe: Heinrich von Veldeke. Die Servatiusbruchstücke und die Lieder, 1947.

H. Brinkmann, Liebeslyrik der deutschen Frühe, 1952, Veldeke: S. 113–126 und 371–376.

H. Thomas, Zu den Liedern und Sprüchen Heinrichs von Veldeke, in: Beitr. 78 (Halle), 1956, S. 158–264.

F. Maurer, ‚Rechte' Minne bei Heinrich von Veldeke, in: Archiv f. d. Studium d. neueren Sprachen u. Literaturen, Bd. 187, 1950, S. 1–9.

Th. Frings/G. Schieb, Heinrich von Veldeke, die Entwicklung eines Lyrikers, in: Festschrift P. Kluckhohn und H. Schneider, 1948, S. 101–121.

Singweisen zur Liebeslyrik der deutschen Frühe, hg. v. U. Aarburg, 1956, Heinrich von Veldeke: S. 12–15 und 41 f.

J. M. A. F. Smits van Waesberghe, De melodieën van Hendrik van Veldekes liederen, 1957.

P. B. Wessels, Zur Sonderstellung des niederländischen Minnesangs im germanisch-romanischen Raum, in: Neophilologus 37, 1953, S. 208–218.

C. Minis, De lyriek van Henric van Veldeke binnen het kader van de duitse Minnesang, in: Spiegel der Letteren 2, 1958, S. 82–96.

›Servatiuslegende‹

Daß Veldeke eine poetische Legende des hl. Servatius, des Patronatsheiligen von Maastricht, verfaßt hat, wußte die Wissenschaft schon, ehe die Überlieferung des Werkes bekannt wurde, aus der 114. Strophe des ›Ehrenbriefs‹ von Jacob Püterich von Reichertshausen vom Jahre 1462. Erst 1850 kam durch glücklichen Zufall eine vollständige Handschrift dieses Denkmals ans Licht. Sie lag vergessen auf dem Örtchen eines Notars in Aubel (südöstl. Maastricht und nordöstl. Lüttich), wo sie ein Besucher, der Lütticher Professor Gillet, der Verderbnis entriß. Er leitete sie weiter an den Fachkenner J. H. Bormans, der sie 1858 abdruckte. Heute wissen wir, daß diese junglimburgische Handschrift des 15. Jhs im Maastrichter Begardenkloster von einem Schreiber zu Papier gebracht wurde, dessen Hand in datierten Schriftstücken zwischen 1459 und 1479 zu greifen ist. Bis 1796 blieb die Handschrift in der Bibliothek der Maastrichter Begarden, wurde wohl 1801 von den Franzosen in Maastricht mitversteigert, was erklärt, daß sie nach Aubel gelangte. Heute liegt sie unter der Signatur BPL Codex Nr 1215 auf der Universitätsbibliothek in Leiden. Nach dem Abdruck von J. H. Bormans wurde sie 1950 noch einmal von G. A. Van Es herausgegeben. Zeitlich erheblich näher an Veldeke heran reichen Bruchstücke einer altlimburgischen Handschrift vom Ende des 12. oder vom Anfang des 13. Jhs, die in München und Leipzig seit 1883 in Abständen in Bucheinbänden entdeckt und herausgelöst wurden. Sie bieten insgesamt etwa 350 Verse, mehr oder weniger vollständig. Die Münchener ›Servatius‹-Bruchstücke wurden durch Kriegseinwirkung vernichtet, die Leipziger sind in die Bibliothek des Obersten Gerichts der DDR in Berlin überführt worden. Der Verlust der ersteren wird wettgemacht durch gute Beschreibungen, verläßliche Abdrucke, photographische Wiedergaben und kritische Ausgaben, die unten vermerkt sind. Der Weg einer frühen Abschrift von Veldekes ›Servatius‹ nach Süddeutschland verliert alles Auffällige, wenn man bedenkt, daß die dritte Tochter der Agnes von Loon, die Veldekes Dichtung angeregt hatte, gleichfalls eine Agnes, nach Bayern heiratete, Otto V. (I.) von Scheyern und Wittelsbach. Sie verpflanzte den Servatiuskult in ihre neue Heimat. Sie oder ihre Umgebung werden nicht unbeteiligt gewesen sein, daß in den letzten Jahrzehnten des 12. Jhs, wohl im Chorherrenstift Indersdorf in der Diözese Freising, der ›oberdeutsche Servatius‹ unbekannter Verfasserschaft entstand, für den neben lateinischer Vorlage auch Einfluß von Veldekes Dichtung wahrscheinlich gemacht werden konnte. Sollte eine Abschrift von Veldekes ›Servatius‹ zum Heiratsgut der Loonerin gehört haben? So wird auch verständlich, daß Veldekes Vorstellung von Attilas vorübergehender Bekehrung zum Christentum beim Bearbeiter der Fassung C des ›Nibelungenliedes‹ wiederkehrt.

Ein Vergleich zwischen den altlimburgischen Bruchstücken des 12./13. Jhs und der vollständigen junglimburgischen Handschrift des 15. Jhs ergibt, daß sie trotz aller Abweichungen im einzelnen, zu ein und derselben Überlieferungskette gehören, ganz gleich wieviel Abschriften man zwischen beide noch glaubt legen zu müssen. So kann uns die junge Handschrift mit den nötigen Abstrichen, die die kritische Ausgabe von Th. Frings und G. Schieb vornimmt, und zurückgeführt in das Altlimburgische des 12. Jhs, als einzige vollständige Überlieferung noch stellvertretend für Veldekes Dichtung stehen. Die alten Fragmente sind entstanden zu einer Zeit, in der der hl. Servatius in dem weiten Gebiet zwischen Schelde und Elbe, unterer Maas und Mosel den Höhepunkt seiner Verehrung erlebte. Die junge Handschrift mag Maastrichter Lokalinteressen ihre Entstehung verdanken und wird mit dem jüngsten Auftrieb des Servatiuskultes in den Maaslanden im 14./15. Jh. zusammenhängen.

Als Veldeke sich im Auftrage der Gräfin Agnes von Loon und des Schatzkammerbewahrers Hessel in Maastricht an seinen Servatius machte, konnte ihm sein Helfer und Förderer Hessel schon Werke einer reich ausgebildeten Legendentradition in lateinischer Sprache als Quellen empfehlen und vorlegen. Diese Tradition ist von B. H. M. Vlekke in einer Nijmegener Dissertation von 1935 gesichtet worden. Der historische Servatius des 4. Jhs, Bischof von Tongeren, hat mit dem Servatius der in vielen Jahrhunderten gewachsenen und angereicherten Legende nichts mehr gemein als den Namen und das Grab in Maastricht. Die Legende gehört zu den Urformen der

Welterzählkunst und hat dann in der besonderen Form der christlichen Legende im Rahmen der mittelalterlichen Kultur eine ungeheure Bedeutung erlangt. Sie entwickelt typische Gestaltungs- und Stilformen eines geistlichen Heldenepos, die aber beweglich genug bleiben, sich den wechselnden gesellschaftlichen Ansprüchen an die geforderte Nutzwirkung der Legende auf die Menschen anzupassen. Im Falle des hl. Bekennerbischofs Servatius sind es Anstöße von drei Seiten, die im Laufe der Jahrhunderte den hagiographischen Ausbau vorantreiben. Einmal das Bedürfnis, den Wissenstrieb der ständig wachsenden Pilgerscharen zum Grabe des hl. Servatius zu befriedigen und ihnen die allmählich angesammelten Reliquien der berühmten Schatzkammer (Pilger-, Bischofsstab, Becher, Tuch, Schlüssel) zu erklären. Zum anderen der lokalpolitische Eifer, den großen Schutzpatron, der über Recht und Besitz von Kirche und Kloster wachen sollte, zu verherrlichen, zur *imitatio* seines *exemplum*, seiner Vorbildhaftigkeit zu mahnen, um sich auf diesem Wege der Nachfolge des Heiligen seiner *intercessio* bei Gott und seines *patrocinium* zu versichern. Schließlich vielleicht politische Parteinahme im Reichsmaßstab im Streit zwischen Kaiser und Papst. Die gesamte Legende geht im Kern zurück auf den Bericht Gregors von Tour (6. Jh.) über Tod und Grab des hl. Bischofs. Von den beiden alten Viten, der ›Vita Servatii antiquissima‹ (8. Jh.) und der ›Vita Servatii antiquiora‹ (9. Jh.), zeigt die erste schon die Verbindung der Legenden von Metz und Maastricht, die zweite die früheste Form der charakteristischen Zweiteilung in Vita (= Lebensgeschichte) und Translatio (= Überführung der Gebeine) wie zum erstenmal den Einbezug des Sagenkreises um Attila. Heriger gelingt im 10. Jh. der Einbau der Servatiuslegende in die offizielle Geschichte des Bistums Tongeren-Lüttich, um dies Bistum mit gleichem Rang neben Trier und Metz stellen zu können, und die zeitgemäße Stilisierung des Heiligen zum Ketzerbekämpfer. Die Legendenentwicklung erreicht ihren Höhepunkt in der Veröffentlichung der ›Gesta Sancti Servatii‹, kurz nach 1126. Das seit 1087 kaiserlicher Gewalt unterstellte und bis über Veldekes Zeit hinaus kaisertreu bleibende St. Servaas in Maastricht erstrebte eine neue Fassung der Heiligengeschichte, die den neuen Gegebenheiten Rechnung trug. In ihr wurde die Bedeutung des Bistums Tongeren(-Maastricht) gegenüber den Nachbarbistümern einseitig übersteigert und die Verbindung von Bistumsgeschichte, Weltheilsgeschichte und Reichsgeschichte verstärkt.

Die umfänglichen ›Gesta Sancti Servatii‹, veröffentlicht von
Fr. Wilhelm, erlebten Mitte des 12. Jhs verkürzte Bearbeitun-
gen von großer Verbreitung, die wohl als Lektionarien praktischen Zwecken dienten. Man faßt sie als Vita-Redaktionen
zusammen. Eine Brüsseler Handschrift vom Anfang des 13. Jhs
hat A. Kempeneers publiziert, eine fast gleichlaufende Trierer
Handschrift des 13. Jhs hat Fr. Wilhelm im Vergleich zu den
›Gesta‹ benutzt und in Auszügen und Lesarten zugänglich gemacht. Veldeke folgt mit seiner Dichtung einer solchen Vita-
überlieferung. Sie war in ihrer knappen Form, unter Ausschluß
allen gelehrten Ballastes, die glücklichste Vorlage für eine volks-
sprachige Dichtung. Wir haben sie unserer kritischen Ausgabe
von Veldekes ›Servatius‹ von 1956 zum Vergleich in Fußnote
beigegeben, soweit die Übereinstimmungen reichen.

Veldekes Dichtung bietet den Inhalt der Legende in zwei
Teilen: 1. Vita = Lebensgeschichte (Vers 1–3254), 2. Translatio und Miracula = Überführung und Erhebung der Gebeine, Wunder nach dem Tode (Vers 3255–6226).

An üblichen Topoi und Motiven der Legende enthält der
erste Teil z.B. die vornehme Abkunft des Helden, seinen heiligen Lebenswandel und seine auffällige Frömmigkeit schon
im Jugendalter, göttliche Offenbarungen, Traumvisionen, hin-
dernde Eingriffe des Teufels, Wunder und Krankenheilungen,
die den Ablauf des Lebens von der Jugend bis zum Grabe be-
gleiten. Zum Besonderen der Bischofs- und Bekennerlegende
gehören z.B. die durch Gott bestimmte geistliche Laufbahn,
das Widerspiel von verborgenem Leben und öffentlicher Wirksamkeit, die Pilgerschaft, die Anfechtungen des Amtes, die
Verteidigung des christlichen Glaubens gegen die Häretiker,
Heidenbekehrung. Besonders hervorgehoben werden die wunderbaren Begleitumstände von Servatius' Bischofswahl in Tongeren, wo er als Pilger aus der Fremde (Armenien) auftaucht.
An ihm wiederholt sich das Pfingstwunder. Teufelsanstiftung
führt aber bald zu seiner Vertreibung. Er wechselt den Bi-
schofssitz von Tongeren nach Maastricht. Für die Sünden des
christlichen Gottesvolkes droht Gottes Strafgericht, der Einfall der Hunnen. Als treuer Hirt seiner Herde entschließt sich
Servatius bei St. Peter Fürsprache einzulegen. Eine Abwen-
dung der Strafe ist nicht möglich, aber als Geschenk des Apo-
stelfürsten erhält er den berühmten Silberschlüssel, der heute
noch in der Schatzkammer der Maastrichter Servatiuskirche
gezeigt wird, durch welches Symbol und Wahrzeichen ihm die
Binde- und Lösegewalt der Sünden übertragen wird. Mit die-

sem Schlüssel ist er erfolgreich als Bußprediger tätig. Servatius'
heiligmäßiger Tod ist von Wundern begleitet wie sein ganzes
Leben.

Zwischen Teil 1 und Teil 2 liegt die Volkskatastrophe durch
den Hunneneinfall. Als hervorragendes Glied der triumphieren-
den Kirche im Himmel greift Servatius helfend, strafend, för-
dernd in die Geschicke der streitenden Kirche auf Erden ein.
Sichtbare und greifbare Verbindungsstücke sind Grab und Reliquien, wozu auch der hinterlassene Kirchenschatz gehört. Um
ihre Verehrung und ihren Besitz geht es in verschiedenen Episoden. Lange Bischofsreihen überbrücken die Jahrhunderte,
die den stillen Kult und die stille Wirksamkeit dieses Helden
des Gottesreiches anwachsen lassen bis zum entscheidenden Er-
eignis seiner öffentlichen Anerkennung als Heiliger. Anlaß zu
Überführung (*translatio*) und Erhebung der Gebeine (*elevatio*)
zur Ehre der Altäre ist Karls (des Großen) Sieg über die Heiden
am Festtag des Heiligen. Im folgenden wird Wunderbericht an
Wunderbericht (*miracula*) wie an einer Kette gereiht. Sie werden den Regierungszeiten der Herrscher von Karl dem Großen
bis zu Heinrich V. zugeordnet, also in den geschichtlichen Ablauf eingebettet, und sollen zu gesteigerter Verehrung des Heiligen aufrufen. Zumal einige der Strafwunder verdichten sich
zu reizvollen, in sich geschlossenen Episoden, so z.B. die Be-
strafung der Bauernkinder, die Servatius' Weinberg in Golse
plündern, oder der Frau des Herzogs, die aus Putzsucht aus
dem Maastrichter Kirchenschatz kostbares Seidenzeug stiehlt,
um sich daraus ein Festkleid schneidern zu lassen. Daß Servatius im Leben schielte, erfährt man überraschend aus der Epi-
sode mit Kaiser Heinrichs (II.) Goldschmieden. Auch Höllen-
fahrten unbußfertig Gestorbener, die in der Tradition der Jenseitsvisionen stehen, fehlen nicht. St. Servatius aber erwirkt den
Reuigen immer wieder Rückkehr in ein Leben der Buße und
Gnade. Immer wieder hören wir, daß zu Gottes und seiner
Ehre Gotteshäuser errichtet werden, die Reliquien von ihm
bergen, und die Menschen sich ihn zum Schutzpatron erwählen.

Im Vergleich zur lateinischen Vorlage muß man sagen, daß
Veldeke eigene Akzente nicht eigentlich gesetzt hat, obwohl er
nach epischen Gesetzen ausgewählt, gerafft, auch umgestellt
hat. Man wird den Partien über die an den hl. Servatius ver-
liehene Schlüsselgewalt kaum die hohe politische Bedeutung
im Kampf zwischen Kaiser und Papst zuerkennen, die Fr.
Wilhelm ihnen zuschreiben wollte. Sie stimmen zur Vorlage
und prägen diese nur stärker seelsorglich um, vielleicht im Ge-

folge des Umbruchs, der sich im 12. Jh. in der Beicht- und Buß-
praxis abzeichnet, der z.B. auch, in anderer Form, hinter der
›Gregoriuslegende‹ Hartmanns von Aue zu spüren ist. Dieser
pastorale Zug ist dann in der Bearbeitung des 15. Jhs noch weiter verstärkt worden. Ein Zusatz zur Vorlage wie z.B. die Erwähnung des Martyriums der 11000 Jungfrauen in Köln durch
die Hunnen zu Beginn des zweiten Teils mag Widerschein zeitgenössischer Ereignisse sein, der Aufdeckung der Märtyrer-
gräber auf dem ager Ursulanus i. J. 1156.

Veldekes Legendenfassung fiel zweifellos die Aufgabe zu,
die Verehrung des hl. Servatius, des Familienheiligen der Ka-
rolinger, verstärkt zu propagieren in einer Zeit, in der das kai-
serliche St. Servaas mit seinem Domkapitel einen Höhepunkt
seiner Bedeutung und seines Besitzstandes erreicht hatte. Im
12. Jh. entstehen wichtigste Teile der Kirche, ± 1160 wird das
Ostchor mit den zwei Türmen am Vrijthof errichtet, ± 1185
das Westwerk mit dem berühmten Kaisersaal und den Haupt-
türmen. ± 1160 verfertigt Godefroy de Claire aus Huy die
prachtvolle ‚Noodkist', den Servatiusschrein, ein Juwel maas-
ländisch-rheinischer Schmiedekunst. Die Pröpste von St. Servaas hatten bischöfliche Würde. Gerade im 12. Jh. treffen wir
einige auch als Bischöfe von Mainz, Worms, Utrecht an. Seit
1050 war St. Servaas eine Schule verbunden, ab 1106 hatte es
auch eine ‚schola cantorum' von Berufssängern. Die erste offizielle ‚heiligdomsvaart' mit Ausstellung der Reliquien, wie sie
noch heute alle sieben Jahre stattfindet, wurde zwar erst 1300
gehalten, aber SMITS VAN WAESBERGHE wird recht haben, daß
man den zum Grabe des hl. Servatius strömenden Pilgerscharen
schon immer das Leben des großen Schutzheiligen vorgestellt
und ihnen die Kostbarkeiten der Schatzkammer erläutert habe.
Hessel als Betreuer der Pilgerherberge und Aufseher der Schatzkammer mag diese Aufgabe besonders ernst genommen haben.
Veldekes volkssprachliche Dichtung von insgesamt gut 6000
Versen, beim Vortrag aufteilbar in zwei etwa gleich umfängli-
che in sich geschlossene Teile von rd 3000 Versen, konnte wohl
diesem Zweck hervorragend dienen, wenn sie durch ihn nicht
überhaupt erst heraufgeführt ist. Veldeke hat damit, auch für
die Legende, die moderne Form des Großepos erobert. Ähnlich umfänglich (rd 5000 Verse) ist dann nach der Jahrhundertwende Ebernands von Erfurt ›Heinrich und Kunigunde‹. Auch
hier stoßen wir neben dem Dichter auf einen Kirchenbeamten,
den Bamberger Kirchner Reimbot, als Helfer und treibende
Kraft.

In der jungen Überlieferung zeigt die Dichtung einen Prolog (Vers 1–198) und zwei Epiloge verwandten Inhalts, den einen am Ende des ersten (Vers 3181–3254), den zweiten am Ende des zweiten Teils (Vers 6135–6226). Um sie hat sich die Forschung besonders gemüht, da in ihnen verschiedene sprachlich-stilistische Schichten nebeneinander und ineinander zu liegen schienen. FRINGS/SCHIEB meinen, kritische Erwägungen anderer aufnehmend und weiterführend, daß alte veldekesche Rahmenstücke mit der Zeit Zusätze erhielten, in den Prolog eine Pfingstpredigt eingefügt wurde, die Epiloge besonders um Nachrichten über den Dichter, sein Werk und die Auftraggeber bereichert wurden, wobei der biographische Abschnitt von Epilog I dem von Epilog II jünger nachgebildet scheint. Die ältesten Vortragszusätze könnten von Hessel stammen, anderes mag nach ihm hinzugewachsen sein. Die persönliche Ich-Form, die liturgische Wir-Form und die berichtende Er-Form wechseln. Prolog und Epiloge verraten in ihrer vermutet ursprünglichen wie ausgebauten Endform Beherrschung der rhetorischen Schemata, denen BRINKMANN nachgegangen ist. Der Prolog besteht 1. aus einem einstimmenden Gebet, das die Gnade des hl. Geistes auf Dichter und Publikum herabfleht, 2. dem Thema, dem *imitabile*, dem hl. Servatius als Vorbild des geistlichen Wachens, vermutlich jung erweitert um eine Reimpredigt über das geistliche Wachen nach lateinischen Vorbildern, 3. einem Gebet um *intercessio* des Heiligen bei Gott. Die Epiloge umfassen 1. Wunderabschnitte, 2. Gebete, die Dichter und Publikum der *intercessio* und dem *patrocinium* des Heiligen empfehlen, 3. Berichte über den Dichter und sein Werk, von der Überlieferung jeweils stark erweitert. Aber das Schema war von Anfang an angelegt.

LITERATUR:

Die junge Handschrift:

B(ibliotheca) P(ublica) L(atina) Codex Nr 1215 der Bibliothek der Universität Leiden, Papierhandschrift aus der 2. Hälfte des 15. Jhs, im Begardenkloster zu Maastricht geschrieben, junglimburgisch. Beschrieben im Catalogus anläßlich der Tentoonstelling van Middelnederlandse Handschriften uit beide Limburgen, 17 Juli – 25 Augustus 1954, und in der Ausgabe von VAN ES. Abgedruckt von J. H. BORMANS, Sinte Servatius Legende van Heynrijck van Veldeken naer een handschrift uit het midden der XV^de eeuw, 1858; Sint Servaes Legende, in dutschen dichtede

dit Heynrijck die van Veldeke was geboren, naar het Leidse handschrift hg. G. A. VAN ES unter Mitwirkung von G. I. LIEFTINCK
u. A. F. MIRANDE, 1950, Rez.: G. SCHIEB u. TH. FRINGS, in:
Leuvense Bijdragen 41, 1951, Bijbl. S. 18–20.

J. DESCHAMPS, De herkomst van het Leidse handschrift van de
Sint-Servatiuslegende van Hendrik van Veldeke, in: Handelingen
XII der Zuidnederlandse Maatschappij voor Taal- en Letterkunde
en Geschiedenis 1958, S. 53–78.

F. LEVITICUS, De Klank- en Vormleer van het middelnederlandsch
dialect der St. Servatius-Legende van Heynrijck van Veldeken,
1892; Rez. J. H. KERN, in: Lit.-Bl. 13, 1892, S. 402–405; Laut-
und Flexionslehre der Sprache der St. Servatiuslegende Heinrichs
von Veldeke, Diss. Leipzig, 1899.

Die alten Fragmente:

Die Münchener Servatiusfragmente, den Luftangriffen auf
München im Juli 1944 zum Opfer gefallen, und die (ehemaligen)
Leipziger Servatiusfragmente, heute in der Bibliothek des Obersten
Gerichts der DDR in Berlin, ursprünglich alle zu einer altlimburgischen Pergamenthandschrift vom Ende des 12. oder eher
vom Anfang des 13. Jhs gehörig, insgesamt rd 350 Verse umfassend,
und zwar, nach Ausweis der jungen vollständigen Hs., die Verse
414–16. 440–41. 452–63. 478–90. 495–500. 523–29. 550–56. 577–84.
606–27. 636–57. 905–11. 919–21. 931–37. 945–47. 975–83. 1002–10.
1029–37. 1057–64. 1067–74. 1096–1103. 1111. 1125–84. 5316–69.
5770–76. 5797–5801. 5880–85. 5905–12. 6107–16. 6136–44. 6163–71.
6189–97. Abgedruckt und beschrieben bei W. MEYER, Veldekes
Servatius, Münchner Fragment, in: ZfdA 27, 1883, S. 146–57; B.
SCHULZE, Neue Bruchstücke aus Veldekes Servatius, in: ZfdA 34,
1890, S. 218–223; L. SCHARPÉ, De Hss. van Veldekes Servatius, in:
Leuvensche Bijdragen 3, 1899, S. 5–22, mit beigefügten vollständigen Photographien; H. THOMA, Altdeutsche Fündlein. I: Aus
Veldekes Servatius, in: ZfdA 72, 1935, S. 193–96; TH. FRINGS/
G. SCHIEB, Heinrich von Veldeke I: Die Servatiusbruchstücke, in:
Beitr. 68 (Halle), 1945, S. 1–75, auch in Buchausgabe: Heinrich von
Veldeke. Die Servatiusbruchstücke und die Lieder. Grundlegung
einer Veldekekritik, 1947; P. LEHMANN/O. GLAUNING, Mittel-
alterliche Handschriftenbruchstücke der Universitätsbibliothek und
des Georgianum in München, in: Zentralblatt für Bibliothekswesen,
Beiheft 72, 1940, S. 119–24; G. SCHIEB/TH. FRINGS, Heinrich von
Veldeke XIII: Die neuen Münchener Servatiusbruchstücke, in:
Beitr. 74 (Halle), 1952, S. 1–43, Register S. 72–76, auch in Buchausgabe 1952.

Kritische Ausgaben:

P. PIPER in: Kürschners Deutsche National-Litteratur 4, 1, 1:
Höfische Epik, Teil 1: Die ältesten Vertreter ritterlicher Epik in
Deutschland, ca. 1890, S. 79–241.

TH. FRINGS/G. SCHIEB, Die epischen Werke des Henric van Veldeken I: Sente Servas, Sanctus Servatius, 1956.

Die Quellen:

A. KEMPENEERS, Hendrik van Veldeke en de Bron van zijn Servatius, 1913 (= Abdruck der Vita nach der Brüsseler Hs. A).–Rez.:
E. SCHRÖDER, in: ZfdA 38, 1919, S. 107–9.

F. WILHELM, Sanct Servatius oder Wie das erste Reis in deutscher
Zunge geimpft wurde. Ein Beitrag zur Kenntnis des religiösen
u. literarischen Lebens in Deutschland im 11. u. 12. Jh., 1910 (mit
Abdruck der Gesta und Stücken der Vita nach der Trierer Hs.).

H. RADEMACHER, Die Entwicklung der lateinischen Servatiuslegende bis zur Mitte des 12. Jhs, ungedruckte Diss. Bonn 1921;
vgl. Jb. d. Phil. Fakultät Bonn III, 1924/25, S. 187ff.

B. H. M. VLEKKE, St. Servatius, de eerste Nederlandse Bisschop in
historie en legende, Diss. Nijmegen 1935.

Zu Prolog und Epilogen:

TH. FRINGS/G. SCHIEB, Heinrich von Veldeke X: Der Eingang des
Servatius 1–198, in: Beitr. 70 (Halle), 1948, S. 1–139; XI: Die
Ausgänge von Servatius I und II, in: Beitr. 70 (Halle), 1948,
S. 139–294; auch in Buchausgabe: Heinrich von Veldeke. Der
Prolog und die Epiloge des Servatius, 1948.

C. MINIS, Dat prologus van Sint Servoes legenden, in: Tijdschr.
voor Nederlandse Taal- en Letterkunde 72, 1954, S. 161–183.

J. VAN MIERLO, Werd de Proloog van St. Servaes geïnterpoleerd?,
in: Kon. Vlaamse Academie voor Taal- en Letterkunde, Verslagen en Mededelingen, Jan.-Febr. 1955, S. 41–51.

H. BRINKMANN, Der Prolog im Mittelalter als literarische Er-
scheinung. Bau und Aussage, in: Wirk. Wort 14, 1964, S. 1–21.

V. ›ENEASROMAN‹

Von Veldekes ›Eneasroman‹ kennen wir sieben mehr oder
weniger vollständige Handschriften, dazu Bruchstücke von
vier weiteren Handschriften. Sie überspannen die Zeit vom 12.
bis 15. Jh. Die Dichtung blieb also das ganze Mittelalter hindurch bekannt und wurde immer wieder, trotz gewandelten
Geschmacks und Stilgefühls, für wert befunden, neu abgeschrieben zu werden. Dann erlischt das Interesse. GOTTSCHED
ist es zu danken, daß die vergessene Dichtung 1745 in den

Blickkreis der Forschung gerückt und 1783 die zunächst fast allein bekannte junge Gothaer Handschrift von CH. H. MÜLLER im 1. Band der »Sammlung deutscher Gedichte aus dem XII., XIII. und XIV. Jh.« abgedruckt wurde. Der Aufschwung der Germanistik und die Begründung einer altdeutschen Textkritik führten im 19. Jh. zu einer ersten Sichtung des Handschriftenbestandes. O. BEHAGHEL lagen in den 80-er Jahren schon alle uns bis heute bekannten Handschriften und Handschriftenbruchstücke vor. Sein Verdienst ist es, nach der klassischen, durch K. LACHMANN für die Germanistik ausgebildeten historisch-genealogischen Methode versucht zu haben, die Handschriftenfiliation zu bestimmen. Sein Stammbaum auf S. XXXVI der Einleitung seiner kritischen Ausgabe von 1882 gründet in der damals üblichen Weise auf der Beobachtung gemeinsamer Fehler der Handschriften, S. XI–XXXV. Er hat dieser Methode das beste abgewonnen und Wichtiges, die Beziehungen der Handschriften untereinander betreffend, erkannt. Es blieb noch, die Aussagekraft ihrer Sprache zu nutzen, was G. SCHIEB und TH. FRINGS in den letzten Jahren getan haben, um ihre kritische Ausgabe von 1964 auf einem tragfähigen Fundament zu errichten.

Wir ordnen die Überlieferung, soweit möglich, chronologisch:

R = Cod. germ. Monac. 5249(19) auf der Staatsbibliothek in München, sogen. Regensburger Pergamentbruchstück, da dort als Umschlag einer Rechnung entdeckt. Nur ein Doppelblatt mit insgesamt 362 unabgesetzt geschriebenen Versen. Noch im 12. Jh. geschrieben. Die Sprachformen weisen in bayrisch-schwäbische Berührungsgebiete.

Me = Cod. germ. Monac. 5199 auf der Staatsbibliothek in München, sogen. Meraner Bruchstücke, da dort entdeckt. Nur ein schlecht erhaltenes Doppel- und Einzelpergamentblatt mit insgesamt etwa 340 zweispaltig abgesetzt geschriebenen Versen. Die an die Wende vom 12. zum 13. Jh. zurückreichenden Fragmente kommen in ihren Sprachformen bei oberdeutschem Grundcharakter dem Ideal des klassischen Mittelhochdeutsch der höfischen Dichter besonders nahe.

P = Pfeiffers Bruchstücke, heute leider verlorene sechs Einzelblätter einer Pergamenthandschrift aus steiermärkischem Besitz, wozu der südbayrische Sprachcharakter stimmt. Sie gehören wohl noch in den Anfang des 13. Jhs.

B = Ms. germ. fol. 282 der Berliner Staatsbibliothek, gegenwärtig in der Tübinger Universitätsbibliothek, Depot der ehem. Preuß. Staatsbibliothek. Älteste fast vollständige Pergamenthandschrift mit bayrischer Vorgeschichte. Geschrieben zwischen 1210 und 1220 in Sprachformen, die auf bayrisch-ostfränkisch-alemannische Berührungsgebiete zwischen oberem Main und Donau weisen, geschmückt mit Bildern von hohem künstlerischen Rang im Regensburg-Prüfeninger Stil, bayrisch beschriftet. Darauf angebrachte Wappen, wie sie die Edelherren von Durne im Odenwald und die verwandten Edelherren von Schauenburg an der Bergstraße führten, lassen auf Besteller in einem rheinpfälzisch-ostfränkisch-bayrischen Wirkungsbereich schließen, also den Umkreis Wolframs von Eschenbach.

M = Cod. germ. Monac. 57 auf der Staatsbibliothek in München. Von einem Růdolf von Stadekke, dem Angehörigen eines steirischen Ministerialengeschlechts, in Auftrag gegebene vollständig erhaltene Abschrift auf Pergament, 13./14. Jh., mit südbayrischem Sprachcharakter. Über die Fugger-Bibliothek gelangte sie in die herzoglich-bayrische. Der Kodex wurde erst im 16. Jh. mit ›Mai und Beaflor‹ und Otte's ›Eraclius‹ zusammengebunden.

Wo = Cod.-Guelf. 404. 9 Novorum fol. (4) auf der Herzog-August-Bibliothek in Wolfenbüttel, sogen. Wolfenbütteler Bruchstück, nur ein Pergamentblatt mit 105 unabgesetzt geschriebenen Versen, die sprachlich durch eine Mischung oberdeutscher und mitteldeutscher Züge auffallen, geschrieben wohl erst im 13./14. Jh., aber eine alte Vorlage noch des 12. Jhs verratend.

E = die heute leider verschollene, vollständige sogen. Eibacher Papierhandschrift des 14. Jhs, bis zu Anfang des 20. Jhs in der Bibliothek des Grafen von Degenfeld-Schonburg in Eibach bei Geislingen (Württemberg). Sie bietet den Text in sechs ‚Distinctiones' und führt sprachlich ins Westmitteldeutsche, enger ins nördliche Rheinfränkische, vielleicht ins Hessische.

H = Cod. Pal. germ. 368 auf der Heidelberger Universitätsbibliothek, wohin der Kodex, auf Umwegen, aus der alten Pfälzischen Bibliothek gelangte. Die vollständige Pergamenthandschrift wurde 1333 in Würzburg im Auftrage des Deutschordensritters Wilhelm von Kirrweiler aus einem Rheinpfälzer Ministerialengeschlecht geschrieben. In ihr folgt der ›Eneasroman‹ sinngemäß auf den ›Trojanerkrieg‹ des Herbort von Fritzlar. Die Sprachformen stimmen zu den gleichzeitigen der Würzburger Kanzlei.

h = Cod. Pal. germ. 403 (alte Bezeichnung C 63) auf der Heidelberger Universitätsbibliothek, wohin der Kodex, auf Umwegen, aus der alten Pfälzischen Bibliothek gelangte. Die vollständige Niederschrift des besonders an Anfang und Ende gekürzten Werkes beendete ein Hans Coler 1419. Sie ist mit Bildern von geringem künstlerischen Wert versehen.

Die Sprache ist alemannisch-elsässisch. Die Handschrift verrät eine gute Vorlage noch des 12. Jhs, die an Anfang und Ende defekt gewesen zu sein scheint.

G = Cod. chart. A 584 auf der Landesbibliothek Gotha mit unsicherer, aber thüringischer Vorgeschichte. In der vollständigen Papierhandschrift des 15. Jhs, thüringisch auch in den Sprachformen, folgt auf den ›Eneasroman‹, aber von jüngerer Hand, Ottos von Diemeringen Übersetzung der Reisen des Montavilla (Mandeville).

w = Papierhandschrift 2861 [Hist. prof. 534] auf der Österreichischen Nationalbibliothek in Wien, dorthin über die Ambraser Sammlung aus der gräflich Zimmernschen Bibliothek gelangt. Auf den ›Eneasroman‹, dessen Niederschrift (ost)schwäbischen Sprachcharakters 1474 durch Jorg von Elrbach abgeschlossen wurde, folgt eine bis ins gleiche Jahr reichende Kaiser- und Papstchronik in Prosa. Die Dichtung ist zwar vollständig, aber stellenweise stark gekürzt. Der Text ist mit Seiten von Bilderreihen durchsetzt.

Überlieferungsgeschichtlich scheinen H und E besonders eng zusammenzugehören, wenn auch keine der beiden Hss. die unmittelbare Vorlage der anderen gewesen sein kann. Das könnte über den Verlust von E hinwegtrösten, wenn diese westmitteldeutsche Handschrift in ihrer Sprachgestalt nicht Veldeke erheblich näher stände als H. Enger verwandt scheinen auch die oberdeutschen Handschriften B M w. Den jungen Handschriften h G ist textkritisch besonderer Wert beizumessen: h steht näher bei E H, G näher bei B M w. Aber es gibt auch viele Verbindungsfäden, die hinüber und herüber führen. Außerordentlich schwer ist nach der Methode der gemeinsamen Fehler der Standort der Fragmente zu bestimmen, was umso bedauerlicher ist, als gerade die meisten dieser Fragmente zur ältesten Überlieferung gehören. Was ist überhaupt gemeinsamer „Fehler", solange man das „Richtige" und „Ursprüngliche" nicht zweifelsfrei angeben kann? G. SCHIEB und TH. FRINGS haben sich deshalb bei der Beurteilung des Wertes der Handschriften gelöst von der vagen Fragestellung nach der „besseren" oder „schlechteren" Lesart. Für sie wurde allein entscheidend die größere oder geringere Nähe einer Handschrift zu Veldekes Maasländisch. Das erst zu vier Fünftel des späteren Umfangs des Romans gediehene maasländische Original ist für uns zwar verloren, ebenso die Grundform der in Thüringen von Veldeke gleichfalls maasländisch abgeschlossenen Dichtung, aber sie wirken nachweisbar nach in aller Überlieferung, wie stark sie sich auch von den Ursprüngen entfernt haben mag. Die Schreiber schaffen, je nach Bedürfnis und Lage der Dinge, mitteldeutsche und oberdeutsche Varianten der maasländischen Eneide, wobei der nordwestliche Charakter der Reimsprache den mitteldeutschen Schreibern weniger Schwierigkeiten machte als den oberdeutschen. Aber auch von ihnen wird der Reim verhältnismäßig selten angegriffen. Mitteldeutsche Varianten verschiedenen Alters, verschiedener Tradition und Zielrichtung greifen wir etwa in E H h und G, oberdeutsche in B M w, auch P und Me, Wo steht dazwischen. Leider gehen Alter und größere Nähe zu Veldekes Maasländisch in der Überlieferung nicht zusammen. Gerade die ältesten Handschriften suchen am stärksten Anschluß an das Ideal des klassischen Mittelhochdeutsch der höfischen Dichter. Jede Handschrift ist in ihre besonderen Ursprungsbedingungen eingebettet, die wir leider allzuwenig kennen. Der Autor selbst hat darüber keine Gewalt mehr. Bei Veldeke sind wir trotz des Manuskriptdiebstahls noch in einer verhältnismäßig glücklichen Lage. Vor Abschluß der Dichtung in Thüringen durch Veldeke selbst, also in unfertigem Zustand, scheint diese noch nicht weiter abgeschrieben und verbreitet worden zu sein. Das hätte durchaus geschehen können. Klagt doch Garnier von Pont-Saint-Maxence in seinem zwischen 1172 und 1174 verfaßten französischen Gedicht über das Leben des hl. Thomas von Canterbury, daß ihm eine erste Fassung, die noch Irrtümer enthalten habe, geraubt und unkontrolliert verbreitet worden sei (E. Auerbach). Und Caesarius von Heisterbach (Anfang 13. Jh.) war entsetzt, als er illegale Abschriften seiner Manuskripte, die er, bevor er die letzte Hand daran gelegt hatte, Klosterfrauen zum Lesen ausgeliehen hatte, zu Gesicht bekam (H. Grundmann). Das sind frühe Zeugnisse für Buchhandel in volkssprachlichen Handschriften.

Eine Titelangabe enthält Veldekes Dichtung nicht, was dem Brauch der Zeit entspricht. Der Schreiber der jungen Handschrift h nennt das *bûchelin* in seinen neugedichteten Eingangsversen ›*Eneas*‹, was eine jüngere Hand aufgegriffen und über das Titelbild als ›*Eneaß*‹ gesetzt hat. Der Titel hat Tradition (G. Schieb). Er begegnet schon bei dem ostfränkischen Dichter der ›Minneburg‹ Mitte des 14. Jhs. Noch weiter zurückweisen könnte der für die Bibliothek der Grafen von Hoya angegebene deutschsprachige Pergamentkodex ›Eneas‹, der ein Exemplar von Veldekes Roman meinen wird. ›*Eneas*‹ ist auch der Name des anglonormannischen Romans, Veldekes Vorlage, nach den Abschlußversen der Handschriften H ›le romanz deneas‹ (Mitte 13. Jh.), I ›le roumans de Heneas‹ (13./14. Jh.), F ›Eneas‹ (13. Jh.). Der in der Literaturgeschichte eingebürgerte Titel ›Eneide‹, den Veldeke zweimal benutzt, ist keine Bezeichnung seiner eigenen Dichtung, sondern der ›Aeneis‹ Vergils. Wir sollten deshalb lieber, wie es hier durchgehend geschieht, von Veldekes ›Eneasroman‹ sprechen.

Letzte Stoffgrundlage des ›Eneasromans‹ ist die ›Aeneis‹ Vergils, in den letzten Jahrzehnten vor Christi Geburt im Auftrag des Kaisers Augustus verfaßt. Sie ist das Nationalepos des Römertums, das, die Tradition der Homerischen Epen bewußt fortsetzend, das Augusteische Imperium unter Darstellung seiner Ursprünge und seines Werdens begeistert feiert. Es symbolisiert sich dem Dichter in den Schicksalen des Aeneas, die er in zwölf Büchern von durchschnittlich 700–900, also insgesamt etwa 9900 Hexametern sich erfüllen läßt: I. Nach Karthago verschlagen. Aeneas und Dido. II. Bericht über den Fall Trojas und III. die anschließenden Irrfahrten. IV. Didos Liebestragödie. Aeneas' Aufbruch. V. Auf dem Weg nach Italien. VI. Hadesfahrt mit Zukunftsprophezeiungen. VII. In Latium. VIII. Werbung von Bündnispartnern in Pallanteum. IX. Aeneas und Turnus. Belagerung. X. Kämpfe (Pallas' Tod). XI. Weitere Kämpfe (Camilla's Tod). XII. Aeneas' Sieg über Turnus. Der Trojaner Aeneas, dessen Ahn einst aus Italien nach Troja zog, war es, der im Auftrag der Götter das zukunftträchtige Rom begründete. Er verkörpert zugleich die Idee der Gerechtigkeit, der vorbildlichen Götter- und Schicksalsfrömmigkeit.

Im 12. Jh., das zu einer ungemein fruchtbaren, wenn auch eigenwilligen Wiederbelebung der Antike führte, gewinnt unter den Schulautoren auch Vergil neue Bedeutung. Wissenschaftler und Dichter sind es, die, jeweils auf ihre Weise, die Stoffe um Troja und Aeneas zu neuen Zielen aufgreifen. Gegen 1150 verfaßte z.B. der berühmte Neuplatoniker Bernard Silvestre, der in Tours lehrte, sein ›Commentum Bernardi Silvestris super sex libros Aeneidos Virgilii‹, eine symbolische, fast schon allegorische, typisch mittelalterliche Erläuterung Vergils, der nicht nur als Dichter, sondern auch als Philosoph gefaßt wird, der unter der Hülle einer erfundenen Geschichte (integumentum) die Wahrheit ausspreche. Im Falle der ›Aeneis‹ handele es sich um die Darstellung der zeitlichen Existenz des Menschen im Lichte der Vorsehung Gottes (H. BRINKMANN). Mit den Augen dieses Kommentars sahen viele Gebildete dieser Zeit, wenigstens im Umkreis der Schule von Chartres, die spätantike Dich-

tung. Ähnlich oder auch wieder anders die Dichter im Mittel-
latein wie in den Volkssprachen.

Von ausschlaggebender Bedeutung für Veldeke werden die
modernen antikisierenden Romane des anglonormannischen
Kulturkreises, der ›Eneas-‹, ›Theben-‹ und ›Trojaroman‹, die
dank des sich dort entfaltenden Mäcenatentums der Hochfeudali-
tät, der Herausbildung des Typs des höfischen Klerikers bzw.
klerikal gebildeten Höflings und der Entstehung eines neuen literarischen Publikums seit etwa 1160 entstehen. Veldekes Vorlage ist der ›Roman d'Eneas‹, der vielleicht älteste Roman der
Reihe. Er ist uns in neun Handschriften überliefert, von denen
nur eine (A) noch an die Wende des 12. zum 13. Jh. zurück-
reicht. Sie wurde von SALVERDA DE GRAVE 1925/29 abgedruckt.
Von diesem stammt auch 1891 der Versuch eines kritischen
Textes. Von dieser Ausgabe muß vorläufig jede wissenschaftli-
che Betrachtung ausgehen, solange nicht ein neuer Text erar-
beitet ist, der sich nach den Forderungen von C. MINIS auch
die z. Tl. ältere Überlieferung von Veldekes ›Eneasroman‹ zur
Herstellung eines guten Textes vergleichend nutzbar macht.

Für den ›Roman d'Eneas‹ ist Vergils ›Aeneis‹ nur Stoffgrundlage, die zu einer neuen Dichtung mit eigener Sinngebung verarbeitet ist. Vergils nationalrömische Leitidee wieder-
zubeleben, konnte nicht im Sinne des mittelalterlichen Dichters
liegen. Er hat eigene, zeitgemäße Anliegen, er gewinnt dem
Stoff zeitgemäße „Wahrheiten" ab. Der antike Stoff ist nur
Mittel zum Zweck, der Selbstauslegung des neuen höfisch-rit-
terlichen Menschen, der Ausbildung eines ständischen Bewußt-
seins dieser neu aufstrebenden Schichten innerhalb der sich
differenzierenden Feudalhierarchie. Die Gestalten und Begeb-
nisse der Antike erhalten so exemplarischen Wert, der ihren
heidnischen Grundcharakter vergessen läßt. Aus dem römischen Nationalepos wird ein mittelalterlicher Ritterroman, in
dem Fortuna und Venus, Vorsehung/Schicksal und Minne, die
bewegenden Kräfte sind, denen gegenüber der Held sich tapfer
zu bewähren hat, und in dem Menschen und Dinge mittelalterlich einstilisiert werden.

Das Grundlegende des Handlungsablaufes ist bewahrt geblieben, so daß J. SALVERDA DE GRAVE S. XXXVII ff. seiner
kritischen Ausgabe eine fortlaufende Vergleichstafel zwischen
beiden Dichtungen aufstellen konnte. Der Dichter hat nur ein
paarmal umstellend eingegriffen, um verschlungene Handlungs-
stränge zu besserer Verständlichkeit auseinander zu nehmen
und nacheinander vorzuführen. So ist z. B. manches aus Buch II

nach vorn in die Einleitung genommen, in Buch VIII wird erst zusammenhängend Eneas' Besuch bei Evander berichtet und die Versöhnung zwischen Vulkan und Venus und die Herstellung der Rüstung für Eneas angeschlossen, und aus Buch X wird alles, was den Tod des Pallas betrifft, zusammengerückt. Schon in der ›Aeneis‹ war, trotz der Aufteilung auf zwölf Bücher, eine innere Zweiteilung angelegt: die Eroberung der Welt durch den Helden, vollzog sich in zwei Phasen einer vorläufigen, persönlichen, unvollkommenen (Dido-Tragödie), einer endgültigen, überpersönlichen in göttlichem Auftrag (Eroberung Italiens, Begründung Roms). Diese Zweiteiligkeit wird, in neuem Sinne, zum Strukturprinzip des anglonormannischen Romans. Die Frau als nicht fortzudenkende Teilhaberin an der Verwirklichung vollkommenen ritterlichen Daseins wird gedoppelt, der Minneroman erhält eine gesteigerte Fortsetzung. An die Stelle der Dido, der leicht eroberten und bald verlassenen im kurzen ersten Teil (Vers 1–2144 entsprechend ›Aeneis‹ Buch I–IV) tritt im gut dreimal so langen zweiten Teil (Vers 2145–10156 entsprechend ›Aeneis‹ Buch V–XII) die früh verheißene, lange unzugänglich bleibende Lavine, die Verlobte des Gegners Turnus, die schwer erkämpft werden muß. Dieser zweiteilige Aufbau, entweder mit dem gleichen verschobenen Gewichtsverhältnis oder mit Auswägung der beiden Teile, mit zwei Frauen oder mit der gleichen Frau in zwei verschiedenen Phasen, hat dann im höfischen Roman Schule gemacht (BEZZOLA).

Einzelzüge sind natürlich immer wieder umgestellt und frei benutzt. Viele Namen und Einzelheiten sind unterdrückt. Vor allem ist der ausgedehnte mythologische Apparat, sofern er nicht ganz entbehrt werden konnte, doch wenigstens stark eingeschränkt worden. An Stelle der Götter treten gelegentlich Menschen, die eine Handlung in Gang bringen, auch christliche Vorstellungen können die heidnischen überdecken. Die Menschen sind der mittelalterlichen Gesellschaftsordnung einrangiert, sie sind ,barons ' und ,chevaliers' und fügen sich den höfischen Umgangsformen der Zeit von der Beratung bei Hofe bis zur Totenklage. Besonders auffallend ist die mittelalterliche Umstilisierung der Schlachtschilderungen. Über Vergil hinaus schmückt der Dichter sein Werk mit Erzählungen von wunderbaren Tieren und vor allem mit ausgedehnten Beschreibungen von Kleidung, Einrichtungsgegenständen, Zelten, Palästen, Grabdenkmälern u.ä. Sie folgen rhetorischen Mustern, sind auch gelegentlich in Chroniken, Wundererzählungen, Bestia-

rien oder anderer zeitgenössischer Literatur nachzuweisen. Das
Wesentliche aber hat der Dichter im Ausbau der ausgedehnten
Minneepisoden geleistet. Nach Vergil, der den epischen Rahmen stellte, wird ihm nun hierzu Ovid Leitstern und Helfer.
Der gewichtige Laviniaroman ist aus wenigen Versen bei Vergil (›Aeneis‹ Buch XII Vers 64–70) herausgesponnen. Er ähnelt
in den Grundzügen einer Liebesgeschichte in Ovids ›Meta-
morphosen‹ (AUERBACH). Nur sind die Ereignisse weit ausein-
andergezogen und die Darstellung ist gefüllt mit Liebesmonologen und -dialogen, die ihr Material der ovidischen Liebes-
kasuistik entnehmen, wie sie in dessen Liebesbüchern, Jugend-
dichtungen in Distichen, zu finden ist: der Liebespfeil, Entstehen der Liebe, die physischen Begleiterscheinungen wie
Schwitzen, Frieren, Zittern, Ohnmachten, Weinen, Schlaflosig-
keit, die elementare Macht der Liebe, Liebespsychologie. Von
Ovid konnte der Dichter des ›Roman d'Eneas‹ auch die Kunst
lernen, Handlungen psychologisch zu motivieren und Stim-
mungen und Gefühle, zumal der Frau, zum Ausdruck zu bringen. Ovid kam überhaupt der mittleren Stillage des höfischen
Epos besonders entgegen. War doch schon, so könnte man sagen, die ganze ›Aeneis‹ Vergils durch den mittelalterlichen
Dichter in die Stillage Ovids übersetzt worden (AUERBACH).
Beide Vorbilder, Vergil und Ovid, Antipoden der Spätantike,
sind im ›Roman d'Eneas‹ in mittelalterlichem Erzählstil bruch-
los verschmolzen. Die Vorbilder sind nicht anempfunden, sie
dienten als Bausteine zu selbständiger poetischer Leistung, was
Zeugnis ablegen kann für die jugendlich aufstrebende künstle-
rische Kraft der volkssprachlichen Dichter in der zweiten Hälfte des 12. Jhs. Das literarische Erbe der Spätantike wird in Besitz genommen, ohne daß Vergil oder Ovid auch nur einmal
im Laufe des Romans genannt würden.

Eine Fassung dieses ›Roman d'Eneas‹ hat Veldeke vorge-
legen. Wer sie ihm in der maasländischen Heimat besorgt hat,
wissen wir nicht, auch nicht, ob er später in Thüringen nach
der gleichen oder einer anderen Vorlage gearbeitet hat. Auch
der Gedanke, daß es nicht das Manuskript der eigenen Dichtung, sondern die Vorlage gewesen sei, die Veldeke auf der
Klever Hochzeit gestohlen wurde, ist von der Forschung gelegentlich erwogen (VON KRAUS), aber nicht weiter verfolgt
worden. Hermann, Veldekes Thüringer Gönner, hat vermutlich den französischen Roman schon gekannt, ehe er Veldeke
auf die Neuenburg einlud. Hatte er doch seine Erziehung am
französischen Königshof Ludwigs VII. genossen, gerade in den

Jahren, als das klassische Dreigestirn der anglonormannischen Romane um Theben, Troja und Eneas das literarische Leben Frankreichs beherrschte. So konnte er die Bedeutung von Veldekes Übertragung ins Deutsche voll ermessen. Der ›Roman d'Eneas‹ war jedenfalls Vorlage von Veldekes Dichtung von Anfang bis zum Schluß, trotz der neunjährigen Unterbrechung und dem Wechsel von Gönner, Wohnort und Wirkungskreis. Es läßt sich nur nachweisen, daß der Dichter ihm im thüringischen Schluß freier gegenübersteht als im Anfang.

Dem ›Roman d'Eneas‹ fehlt erstaunlicherweise die Umrahmung durch Prolog und Epilog. Auch Veldekes Eingangsverse führen im Anschluß an RE *Quant Menelax ot Troie asise* mitten in das Geschehen wie in der Chanson de Geste oder dem deutschen Spielmannsepos, *Ir hebbet wale vernomen dat, | wi der koninc Menelaus besat | Troie di rike*. Damit führt sich der ›Eneasroman‹ als Fortsetzung des als bekannt vorausgesetzten Trojastoffes ein. Einer volkssprachlichen Fassung? Französisch oder Deutsch? Da sich auch Lamprecht im ›Alexander‹ (vgl. KINZEL zu Vers 1841 (1331)) auf *in der Troiere liede* Berichtetes bezieht, schließt BAESECKE auf eine verlorene deutsche Dichtung alten Stils. Der enge Bezug von Troja- und Eneas-Stoff wird erneut deutlich, als später Herborts ›Liet von Troie‹ neben Veldekes ›Eneasroman‹ tritt, die in der Heidelberger Pergamenthandschrift von 1333 auch zusammen überliefert sind. Schwierige Fragen verbinden sich mit dem Epilog Vers 13429–13528 (3 Abschnitte von 34, 30 und 38 Versen), den alle Handschriften des ›Eneasromans‹ überliefern, G Abschnitt eins und zwei nach drei. Er enthält, ähnlich den Servatiusepilogen, wichtige Auskünfte über den Dichter und sein Werk. Die Echtheit der Abschnitte eins und zwei, von G an den Schluß gestellt, hat die Forschung schon lange bezweifelt (seit HEINZEL). Nicht nur, daß sich Veldeke nicht selber *meister* (13430. 13465) nennen kann, das *uns* in 13432 *in dutschen he't uns lerde* schließt ihn als Verfasser aus. Auch gegen den dritten Abschnitt läßt sich manches einwenden (FRINGS, SCHIEB, OHLY), so daß Veldekes Dichtung vielleicht schon mit dem markierenden *amen, in nomine domini* 13428 des ausklingenden Gebetes geschlossen hat. Alles Folgende wären dann frühe Vortragszusätze, die die Überlieferung mitbewahrt hat. Trotzdem behalten die Sachangaben, die bis in Veldekes Zeit zurückreichen müssen, ihre Vertrauenswürdigkeit. Wir erfahren im dritten Abschnitt den Dichternamen, die Quelle, das *welsche buc*, dem *latin* nachgestaltet, der *Eneide*, die *Virgilius dar ave schreif*, und daß Veldeke so *war* bleiben wollte wie *dat welsch ende latin*. Zur Geschichte des Manuskriptdiebstahls, die den ersten und zweiten Abschnitt füllt, s. oben S. 2. Die für die Entstehungsgeschichte des ›Eneasromans‹ vielbemühten Verse 13461/62 darf man wegen des Auseinandergehens der Überlieferung nur mit Vorsicht benutzen. H unterstreicht nur die Katastrophe, daß durch den Diebstahl der Handschrift Veldekes Lebenswerk vernichtet wurde. E spricht von einer Abschrift, die man in Thüringen anfertigte. Ob G mehrere Abschriften oder aber Zusätze meint, die der Torso erfuhr, bleibt unklar. Deutlich von Veränderungen bei Abschrift und Vollendung sprechen nur Mw[1]. Dabei bleibt unausgesprochen, wer die Veränderungen vornahm oder die Zusätze anfügte. Jedenfalls wird man Zusätze und Änderungen Veldekes in Thüringen, wenn die Textkritik es verlangt, erwägen dürfen.

Diese fraglichen Schlußpartien abgerechnet, hat die Dichtung immer noch einen, wenn auch im Umfang bescheidenen Epilog, der aus einer geistlichen Schlußsteigerung und einem Abschlußgebet besteht, die im ›Roman d'Eneas‹ keine Parallele haben. Sie bilden den Ausklang eines Geschlechtsregisters, das den letzten Teil der Dichtung ab 13307 ausmacht. Es ist gegenüber der Vorlage stark erweitert und, durch Anleihen beim Geschlechtsregister in der Unterweltsszene, von der Gründung Roms weitergeführt bis zum goldenen Zeitalter des Augustus, das durch die Geburt Christi, des Welterlösers, noch überstrahlt wird. Was im Geschlechtsregister vorn (3611–3690) als Verheißung ausgesprochen war, findet hier seine Erfüllung. OHLY sieht in den zwischen Eneas und Augustus, also in den der Geburt Christi voraufliegenden fünf Generationen „eine in Generationen verdichtete säkulare Kontrafaktur zu den fünf alttestamentlichen Weltaltern vor Augustus und Christus". Aber auch ohne das erweist der geistliche Abschluß, daß Veldeke dem Stoff seiner Dichtung abschließend seinen eindeutigen heilsgeschichtlichen Ort zuweisen wollte, wie die Vorauer Handschrift dem ›Alexander‹, auch wie nachträglich Bernard Silvestre Vergils ›Aeneis‹. Aber das bedeutet noch nicht, daß man berechtigt ist, den gesamten ›Eneasroman‹ geistlich zu interpretieren.

[1] Vielleicht gilt ähnliches auch für E, falls man *widerschriben* mit FR. WILHELM, Der Urheber und sein Werk in der Öffentlichkeit, Münchener Archiv Heft 8, 1921, S. 123.144f., als Übersetzung des Fachausdrucks *rescribere* ‚Abschreiben mit bewußten Änderungen, die von einem andern als vom Autor herrühren' fassen darf.

Der zweiteilige Aufbau des Ganzen, vom Dichter des ›Roman d'Eneas‹ kräftig herausgearbeitet, ist von Veldeke beibehalten worden. Aber die Gewichte haben sich verschoben. Den insgesamt 10156 Versen des ›Roman d'Eneas‹ stehen 13528 von Veldekes ›Eneasroman‹ gegenüber. Zum Teil erklärt sich der um mehrere tausend Verse größere Umfang aus dem breiteren Stil des deutschen Werkes, das mit dem reinen Reim ringt. Aber das beigegebene vergleichende Schema macht deutlich, daß trotzdem der erste Teil fast gleich lang geblieben ist, im zweiten Teil die Kämpfe um Italien um etwa ein Viertel im Umfang gewachsen sind, die abschließende Liebesgeschichte aber um über die Hälfte erweitert ist. Der zweite Teil muß also dem Dichter wichtiger gewesen sein als der erste Teil.

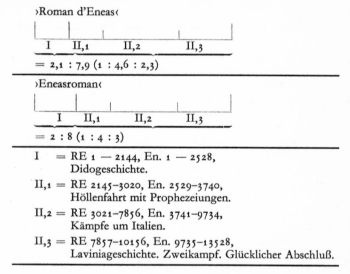

›Roman d'Eneas‹

I	II,1	II,2	II,3

= 2,1 : 7,9 (1 : 4,6 : 2,3)

›Eneasroman‹

I	II,1	II,2	II,3

= 2 : 8 (1 : 4 : 3)

I = RE 1 — 2144, En. 1 — 2528,
Didogeschichte.

II,1 = RE 2145–3020, En. 2529–3740,
Höllenfahrt mit Prophezeiungen.

II,2 = RE 3021–7856, En. 3741–9734,
Kämpfe um Italien.

II,3 = RE 7857–10156, En. 9735–13528,
Laviniageschichte. Zweikampf. Glücklicher Abschluß.

Im übrigen hat die Forschung noch nichts Eingehenderes über den Aufbau erarbeiten können, das befriedigte. Eindeutig ist die „Endgipfelkomposition" (SCHWIETERING) im Gegensatz zur „Zentralkomposition" der vorhöfischen Ereignisdichtung. Aber selbst die Gliederung in zwei Teile wurde angefochten. EHRISMANN, der dreiteiligen Aufbau annimmt (Didoroman, Kämpfe um das neue Land, Laviniaroman), übersieht, daß seine Teile zwei und drei vom Dichter offensichtlich als Einheit gewollt sind. Von der ersten Erwähnung der Lavinia in der

Höllenprophezeiung zu Anfang des zweiten Teils spannt sich ein Bogen bis zur glücklichen Heirat, der die verschiedenen Handlungsteile bindet. Das wird auch von E. COMHAIRE und L. LERNER übersehen, die den Einschnitt zwischen Teil eins und zwei bei Vers 3740/3741 angeben, also die Höllenfahrt zum ersten Teil rechnen. Wir möchten den Einschnitt schon zwischen Vers 2528/2529 legen, die Höllenfahrt mit den Zukunftsprophezeiungen also als Auftakt zum zweiten Teil nehmen, der den Kampf um Italien und die Lavinia-Geschichte über Zweikampf, Hochzeit und Herrschaftsantritt zu einem glücklichen Ende führt. Veldekes reihende und in der Reihung ständig nach hinten und vorn verknüpfende Technik läßt alle Versuche einer klaren Aufbaugliederung nach Versen und Abschnitten scheitern. Veldeke markiert zwar gelegentlich verschiedene Etappen der Erzählung durch Schauplatzwechsel, Aufbruch zur Seefahrt, Nachtruhe oder Waffenstillstand, Todesfälle und Bestattungen, aber dies deckt sich alles nicht eindeutig mit seiner Abschnittstechnik. Auch sind die Abschnitte, jeder für sich genommen, durchaus keine abgeschlossenen Gebilde. Damit sollte sich auch jeder Versuch, Zahlenkompositorisches in Veldekes Technik nachzuweisen, auseinandersetzen.

Ein Vergleich zwischen ›Roman d'Eneas‹ und Veldekes ›Eneasroman‹ macht deutlich, daß Veldeke sich im Verlauf seiner Arbeit immer stärker von seiner Vorlage gelöst hat zu freierer Gestaltung, so wenig der epische Grundriß angetastet wird. Die beiden Werke, jedes in seiner Art eine außerordentliche und zeittypische Leistung, dürfen nicht gegeneinander ausgespielt werden, wie das leider in der Forschung immer wieder geschehen ist, so daß, je nach den Gesichtspunkten, einmal der Roman d'Eneas‹ und einmal Veldekes ›Eneasroman‹ als das größere Kunstwerk erschienen. Jedes der Werke hatte seinen eigenen gesellschaftlichen Wirkungsbereich, vor dem gleichen Publikum sind sie gewiß nie vorgetragen worden. Sie gehören in verschiedene Literaturprovinzen, verschiedene geistige Kreise, die wir uns leider nicht mehr genügend verlebendigen können. Die anglonormannische Literaturprovinz war, wenn man die Gesamtentwicklung überblickt, jedenfalls fortgeschrittener als die maasländische, und diese zweifelsohne wieder fortgeschrittener als die rheinische oder gar die thüringische, die erst im Aufbau begriffen war. Darum ist auch die Aufnahme und Nachwirkung beider Werke sehr unterschiedlich. In Thüringen mußte Veldekes moderner Roman, zunächst ohne Konkurrenten, einschlagen wie ein Blitz. Im folgenden konstatieren wir, auswählend, Unterschiede, ohne Werturteile auszusprechen. Veldekes Werk steht im Mittelpunkt. Eine erste Hilfe bietet B. FAIRLEY mit seiner parallelen Vergleichung der ›Eneide‹ mit dem ›Roman d'Eneas‹ auf S. 40 ff. seiner Dissertation von 1910. Trotz vieler Spezialuntersuchungen, die folgten, stehen wir aber im Grunde immer noch am Anfang eines wirklich befriedigenden Vergleichs, der von der Oberfläche zu wesentlichen Erkenntnissen vorstößt und gleichzeitig viele Gesichtspunkte berücksichtigt, um einseitige Folgerungen zu vermeiden. Wir haben bisher nicht einmal eine Zusammenstellung des Äußerlichsten, etwa der Verse, die Veldeke wortwörtlich übersetzt hat oder Beobachtungen zu den verschiedenen Stufen seiner Übersetzungstechnik.

Veldeke muß seine Vorlage gut im Kopf gehabt haben. Er beseitigt Widersprüche, obwohl er in seiner Dichtung auch nicht ganz frei davon bleibt, er bringt allerlei sachliche Verbesserungen an, Unwahrscheinliches läßt er weg, ersetzt es durch Glaubhafteres, oder motiviert es wenigstens anders. Unnötige Wiederholungen größeren Umfangs hat er gestrichen, obwohl er andererseits die Wiederholung im Kleinen als Stilform der Wiederaufnahme liebt, wie sie zu seiner Abschnittstechnik gehört. Wo der Anglonormanne blockartig selbständige Abschnitte nebeneinander setzt, sucht Veldeke zu verknüpfen (ZITZMANN). Er erreicht so, unterstützt durch Charakteristika seines Stils, einen ungemein flüssigen Gang der Erzählung. Er hat Sinn für szenische Gruppierung und stellt dazu vielfach um. Er liebt eine streng chronologische Reihenfolge der Ereignisse, zu welchem Zweck er im ›Roman d'Eneas‹ verschlungene Handlungen neben- und nacheinander erzählt; auf diesem Wege war ihm der anglonormannische Dichter, Vergil gegenüber, ja schon vorangegangen. Er erspürt Möglichkeiten, die der Dichter des ›Roman d'Eneas‹ nicht genutzt hat, wie die Zusammenführung von Turnus und der alten Königin zu einem Dialog, und er verfolgt das Schicksal der Königin weiter bis zu Krankheit und Tod (FAIRLEY), die ihre besondere Bedeutung für die Sinngebung des Ganzen erhalten. Veldeke wirkt überhaupt zielstrebiger. In kleinen Änderungen und Zusätzen verrät sich immer wieder eine gute logische und dialektische Schulung. Bei den Beschreibungen werden gewisse rhetorische Schemata beachtet, Beschreibung der Gestalt von Kopf zu Fuß, der Kleidung vom untersten zum obersten, von Waffen und Pferd nach der Kleidung, der Bauwerke von unten nach oben

u. ä., wie natürlich im Grundzug auch schon im ›Roman d'Eneas‹.

Höfische Umgangsformen beherrschen Veldekes Dichtung noch mehr als seine Vorlage. Sie zeigen sich im ausgeglichenen Zeremoniell bei Anrede, Empfang, Begrüßung, Abschied, Botensendung, im Umgang der Menschen, des Vorgesetzten mit seinen Untergebenen, des Wirtes mit dem Gast, des Mannes mit der Frau, des Liebhabers mit der Geliebten. Derbere Ausdrücke und höhnische Reden sind eingeschränkt, das Lob der Tapferkeit und vor allem der Schönheit wird freigebiger gespendet. Was unhöfisch scheinen könnte, wird beschönigt oder anders erklärt. Jeder handelt, wie es ihm, seinem Stande, geziemt, *alse't heme getam*, wie ungezählte Male beteuert wird, denn Veldeke kommt es weniger auf den Standesanspruch als solchen an, sondern auf seinen ethischen Hintergrund (WITTKOPP).

Neben allem Formelhaften und rhetorisch Vorgeprägten erstaunt immer wieder der Blick für das Reale, das praktisch Mögliche und Wirkliche, das sich allerdings oft erst näherem Zusehen erschließt. Neben Kostbarkeit und Schönheit eines Gegenstandes betont Veldeke gern auch seine Bequemlichkeit und Zweckmäßigkeit, etwa einer Hundeleine, eines Helms, eines Panzers. Manchem hat er, im eigentlichen Sinne des Wortes, erst seine Farbe verliehen (FAIRLEY). Turnus' Farben sind rot und gelb, Pallas' Farbe ist grün, was vielleicht symbolische Bedeutung hat wie die kleinen Änderungen in den Farbangaben des bunten Pferdes der Kamille. Er bevorzugt die „warmen" Farben (WITTKOPP). Wunderbares, vor allem auch aus dem Kreis der Fabeltiere, wird beseitigt, durch Glaubwürdigeres ersetzt oder wenigstens rationaler, „wissenschaftlicher" erklärt. Die phantastischen Künste der Zauberin z. B., zu der Dido ihre Schwester Anne schickt, werden bei Veldeke abgeschwächt und abgewandelt zu Kenntnissen in Philosophie, Astronomie, Astrologie und Heilkunde. Das prachtvolle Säulengrab der Kamille baut er anders (SCHIEB). Es ist nur halb so hoch und nicht so phantastisch wie im ›Roman d'Eneas‹. Es besteht auch aus weniger Bauteilen, die bautechnisch korrekt beschrieben werden. Der oben abschließende Zauberspiegel krönt unmittelbar die Grabcella, während in der Vorlage die Spitzenbekrönung sich zusammensetzt aus einer riesigen Zeltstoffbedachung, einer Stange mit drei goldenen Kugeln und erst abschließend dem Zauberspiegel. Veldeke gibt für fast jeden Bauteil genaue Maße an, die die Folgerung gestatten, daß er das Säulengrab nach der Grundformel des goldenen Schnittes errichtet wissen wollte, der zu seiner Zeit bei Turmbauten gern beachtet wurde. Der Dichter des ›Roman d'Eneas‹ konstruierte dagegen vermutlich nach einer komplizierteren Formel. Statische Erwägungen allerdings hat Veldeke wie sein Vorgänger großzügig beiseitegeschoben. Der Schein des Wirklichen wird aber noch dadurch erhöht, daß er einen griechischen Baumeister *Geometras* einführt und moderne Fachausdrücke der Baukunst benutzt.

Eine eigene Wendung gibt Veldeke auch Rechtsszenen. Didos Landnahme durch die List mit der Rinderhaut hat er inhaltlich entscheidend erweitert. Den sagenhaften Akt der Besitznahme veranschaulicht er durch den alten heimischen Rechtsbrauch der Landnahme oder Landsicherung durch Hegung (SCHIEB). Weiteres lohnte eingehende Untersuchung. Die Hinweise von HERMESDORF, daß Veldeke sich im geltenden einheimischen weltlichen Recht sehr gut auskannte, im Gemeinen Recht wie im Lehnrecht und Prozeßrecht, verlangen noch gründliche Nachprüfung. Vor allem muß untersucht werden, inwieweit der Dichter seiner Vorlage hierin folgt, sie übertrifft oder abwandelt. Daß der Endkampf zwischen Eneas und Turnus in einen gottesgerichtlichen Zweikampf um ihr Recht hineinstilisiert ist, hat man gelegentlich vermerkt. Die Verse ›En.‹ 8612 ff. z. B. haben keine Entsprechung im ›Roman d'Eneas‹. Solche Ordale fanden trotz Verfemung durch die Kirche auch im praktischen Leben immer noch statt, in den lebendig gebliebenen alten fränkischen Rechtsformen.

Wie auf dem Gebiet des Rechtswesens und der Baukunst, so haben auch auf dem des Kriegswesens Veldekes Kenntnisse Einfluß gehabt auf seine Benutzung der Vorlage. Man hat nicht zu Unrecht gesagt, daß er seinen ›Eneasroman‹ zu einem „Handbuch der Kriegskunst" gemacht habe. Im einzelnen und unter Einbezug eines Vergleichs mit der Vorlage ist das leider noch nicht näher untersucht worden. Aber wo immer es sich um Kampf, Burgenbau, Belagerung, Angriff, Ausfall, Verteidigung, Waffenstillstand, Massenkampf oder Zweikampf handelt, schwelgt der Dichter in breiterer Darstellung. Altererbten Formeln und Wendungen aus dem Arsenal der Volksepik verbindet er unerhört Modernes und Zeitgemäßes, wie schon die Zusammensetzung des Wortschatzes zeigt. Er geht auf dem schon vom Dichter des ›Roman d'Eneas‹ betretenen Wege weiter. Besonders selbständig ist er bei der Beschreibung der Burgbefestigung mit ihren Grabensystemen und dem Einbezug moderner Angriffs- und Belagerungstechniken. Aber die Kämpfe sind bei ihm ernste, blutige Kämpfe geblieben. Er hat nicht den Versuch gemacht, sie zu Aventiuren oder Turnieren umzugestalten. Das wäre der Stoffgrundlage auch kaum angemessen gewesen.

Die stärksten Erweiterungen gegenüber der Vorlage sind in den Minneszenen, vor allem des zweiten Teils zu beobachten. Galt schon den Zeitgenossen und Nachfahren Veldeke vor allem als Dichter der *minne*, so hat auch jüngere Forschung feststellen können, daß er hier durch sein Interesse an der Liebespsychologie und seine Fähigkeit, Gefühle zu zergliedern und in Worte zu fassen und ihre Wirkungen auf den Menschen zu schildern, Besonderes geleistet hat. Er hat das im ›Roman d' Eneas‹ in Stoff und Charakteren Angelegte psychologisch vertieft und verfeinert und seine Gestalten sittlich-ethisch gehoben, aber auch stärker sentimentalisiert (QUINT). Läßt sich im ›Roman d'Eneas‹ ein Zug zum Allgemeinen und Typischen greifen, so arbeitet Veldeke mehr das Individuelle, Persönliche heraus. Die vorbildliche Haltung der *mate* allerdings, der „vernunfthaften Bändigung der Triebe und Leidenschaften" (DE BOOR), hat man trotz mancher guten Beobachtung für Veldeke überbetont (W. SCHRÖDER). In der angegebenen Bedeutung, die für die höfische Klassik entscheidend wird, kommt das Wort im ›Eneasroman‹ noch kaum, auf die Liebe bezogen überhaupt noch nicht vor. Der Unterschied der Liebe des Eneas zu Dido und zu Lavinia besteht nicht in Maßlosigkeit und Maß, sondern darin, daß die erste trotz Liebesvereinigung nicht zu Gegenliebe führt, die zweite aber wechselseitig ist und überdies im Einklang mit dem göttlichen Willen steht (H. BRINKMANN). Veldeke schafft nun auch unabhängig von der Vorlage Monologe und Dialoge mit hoher Kunst der Gefühlszergliederung. Er ist Meister der Gedankenrede, der reflektierenden Selbstbetrachtung.

Die Auffassung von den Göttern ist nicht die gleiche geblieben; es greift aber bestimmt zu hoch, wenn M.-L. DITTRICH behauptet, „Veldeke vollzieht den Weg der Ablösung des antiken Heidentums durch das Christentum innerlich in seiner Eneas-Dichtung nach". Wichtig bleiben die Feststellungen, daß Veldeke noch mehr als sein Vorgänger gewisse handgreifliche mythologische Vorstellungen und Motivierungen auf ein handlungsmäßig nicht zu umgehendes Minimum eingeschränkt hat, daß die antiken Liebesgötter zwar geblieben und in ihrer Bedeutung sogar gewachsen sind, aber stark von der mittelalterlichen Minneideologie berührt sind und vor allem dem übergreifenden Walten der *gode*, der Götter als höchster Schicksalsgewalt, in ihrem Wirken eingeordnet erscheinen. Wenn neben die *gode*, die Götter der Heiden, bei Veldeke erstaunlich oft *got* im Singular, also der Gott der Christen tritt, bleiben allerdings die vielen formelhaften Verse altepischen Stils ohne Aussagekraft. *got* oder abwertendes *abgote* für *gode* ist auch oft nur eine Frage der Abschreiber. Es mag gelten bleiben, daß Veldeke seiner Vorlage gegenüber einen einheitlichen göttlichen Willen gebieterischer in den Vordergrund geschoben hat, wie schon H. SACKER betont hat, und damit Vergils Fatum, mittelalterlich begriffen, wieder näher steht. Göttliche Vorsehung entfaltet sich im menschlichen Schicksal, das durch die Tugend der Tapferkeit gemeistert sein will (H. BRINKMANN). Es gilt bei Veldeke eine merkwürdige, im Grunde unchristliche Analogie zwischen Ergebenheit seiner Helden in den Willen der Götter (des Schicksals, Gottes) und irdischem Erfolg. Personen, für die das Gebot der Götter nicht existiert oder die sich darüber hinwegsetzen, müssen scheitern (so Dido, Turnus, die Königin), wer sich ihm bedingungslos ergibt (wie Eneas und Lavine), denen ist auch das höchste irdische Glück sicher. Ähnlich entspricht innerer Schönheit die Schönheit der Gestalt und ständischem Rang äußere Prachtentfaltung. Zu christlicher Einstilisierung mußte vor allem Eneas' Unterweltsfahrt reizen. Sie steckt auch voller mittelalterlicher Höllenvorstellungen, was bei der reichen Tradition der poetischen Jenseitsvisionen nicht wundernimmt. Die Unterwelt wird *helle* genannt und ist ein Ort der persönlichen Buße und Qual, Cerberus und Karo erscheinen als menschen- oder tiergestaltige geschwänzte Teufel. Es bestehen Beziehungen zwischen Eneas' Unterweltsfahrt und der Höllenfahrt des unbußfertigen Ritters in Veldekes ›Servatiuslegende‹. Wieweit im ›Eneasroman‹ unter Umständen auch mit versteckter Symbolik und verdeckten geistlichen Bezügen zu rechnen ist, die uns bisher noch verborgen blieben (DITTRICH), bleibt zu prüfen. H. BRINKMANN spricht mit Hinweis auf den zeitgenössischen Aeneiskommentar des Bernard Silvestris vorsichtig nur davon, daß die Geschichte des Aeneas damals weithin verstanden wurde „als die Darstellung der zeitlichen Existenz des Menschen", episch verhüllt. „Im Sinnbild" werde „die innerweltliche Existenz des Rittertums vergegenwärtigt", wobei „die geltende Ordnung im Hintergrund bleibt".

In die politische Gegenwart des Dichters führen die sogen. beiden „Stauferpartien", die Heranziehung des Mainzer Hoffestes Friedrich Barbarossas von 1184 zur vergleichsweisen Würdigung der Prachtentfaltung bei Eneas' und Lavinias Hochzeit in den Versen 13221–13254 (=1. Stauferpartie) und der Bericht über die Auffindung des Pallasgrabes anläßlich Barbarossas erster Romfahrt in den Versen 8375–8408 (=2. Stauferpartie). Der Streit um die Echtheit (HEINZEL, SCHWIETERING, JUNGBLUTH, FRINGS, SCHIEB, CORDES) ist jetzt zur Ruhe gekommen. Es ist wohl so, daß beide Stauferpartien vom Dichter selbst nach Abschluß der Dichtung als wirkungsvolle Vortragszusätze zu besonderer Gelegenheit eingefügt wurden, vielleicht auf Wunsch seines Gönners, des späteren Landgrafen Hermann von Thüringen. Dann läge die politische Färbung, die der ›Eneasroman‹ durch die Stauferpartien erhält, mehr im Interesse des Mäzens als des Dichters. Die erste Stauferpartie schöpft aus eigenem Erleben oder Hörensagen, die zweite überträgt in kühner Fälschung die Auffindung des Pallasgrabes, die in chronikalen Quellen Kaiser Heinrich II. oder III. zugeschrieben wird (F. KAUFFMANN), auf Kaiser Friedrich Barbarossa. Er soll das Grab auf seiner ersten Italienfahrt (1155) entdeckt haben. Wurde diese Fälschung etwa zur Verherrlichung der Staufer als Fortführer des römischen Universalreiches geschaffen, und zwar als bewußtes Gegenstück zur angeblichen Auffindung der Gräber König Arthurs und Guenevres 1190 in England, die nach E. KÖHLERS Vermutung die anglonormannischen Herrschaftsansprüche bestätigen sollte (SCHIEB)? So wurde der antike Stoff nicht nur bis zur Geburt Christi weitergeführt und heilsgeschichtlich eingebettet, sondern es wurde sogar der Anschluß an die Gegenwartswirklichkeit des Dichters gefunden. Auch die Gestaltung des abschließenden Festes lebt aus Veldekes lebendiger Umwelt. Die Vorlage hatte auf eine Schilderung verzichtet. Veldeke gestaltet die erste abgerundete Festdarstellung in der deutschen Literatur, die für die Folgezeit vorbildlich bleibt (BODENSOHN). Er überbietet sich im Preis der Freude, der Pracht, des Überflusses und vor allem der Spendefreudigkeit des neugekrönten Königs Eneas wie der anderen Könige, der Fürsten, Herzöge und Grafen, wie sie nach ihrem Stande aufeinander folgen. Ähnliches wird in der Kölner Chanson de Geste ›Karl und Galie‹ von der Hochzeit und Krönung des Königspaars 209, 42 ff. wie in ›Morant und Galie‹ mit den gleichen Versen vom abschließenden Versöhnungsfest 5495 ff. berichtet. Hatte Eneas' Gabenausteilen unmittelbar nach seinem Sieg über Turnus noch einen religiösen Beiklang, 12702 ff. *di gode hebben wale te mich gedan, ich wille mil-*

delike geven, ich ne getrouwe dit gut nit overleben, so ist jetzt 12983 ff. über zweihundert Verse hinweg das *gut umbe ere geven* einziges Motiv. Macht und Reichtum erhalten dem Herrscher Ansehen und Ruhm nur durch die unablässige Spendefreudigkeit, die seinen Hof zugleich zum „Umschlagsort materieller und geistiger Güter" werden läßt. Wie sehr die Freigebigkeit bei den gesellschaftlichen Umgestaltungsprozessen des Adels Voraussetzung für die uns bekannte Lebensform an den Höfen der zweiten Hälfte des 12. Jhs war, hat E. KÖHLER gezeigt. Auch auf dem Mainzer Hoffest Barbarossas wurde *maneger dusent marke wert verteret . . . ende gegeven.* Es gibt also in Veldekes Werk schon verschiedene Stellen, an denen sich die Gegenwartswirklichkeit in entsprechender epischer Stilisierung in die Dichtung Eingang verschafft.

Veldekes entscheidende und durchgängige Vorlage war der ›Roman d'Eneas‹. Daneben beruft er sich mehrfach auf Vergil. Aber diese Quellenberufungen stimmen alle nicht, sie mögen dem Roman den erstrebten antikisierenden Anstrich gegeben haben. Nur bei wenigen Namen, die im ›Roman d'Eneas‹ nicht stehen, scheint Vergil Pate gestanden zu haben, bei anderen Besonderheiten Dares Phrygius und Dyctis Cretensis, die Vermittler des Trojastoffes an das Mittelalter, auch der ›Roman de Troie‹. Dazu treten vermutlich Einzelheiten aus Ovid und aus dem Vergilkommentar des Servius. Aber es genügt, bei diesen unsicheren Spuren Reminiszenzen aus der Schullektüre anzunehmen, und aus dem, was im Umkreis der modernen anglonormannischen Romane antiker Stoffgrundlage bekannt sein konnte. Zu diesem Umkreis ist auch Veldekes Berührung mit William of Malmesbury in der „2. Stauferpartie", dem Bericht über die Auffindung des Pallasgrabes, zu rechnen. Schwache Anklänge an ältere deutsche Dichtung wie ›Annolied‹, ›Kaiserchronik‹, ›Rolandslied‹ hat BEHAGHEL vermerkt. Veldeke kennt die Namen der Heldenschwerter der französischen Chanson de Geste und der deutschen Heldensage.

Am lebhaftesten hat die Forschung sich interessiert für die starken Berührungen zwischen ›Eneasroman‹, ›Straßburger Alexander‹ und Eilharts ›Tristrant‹, also für Veldekes Verhältnis zur „rheinischen Literaturtradition". Man hat lange Listen von Parallelstellen zwischen ›Eneasroman‹ und ›Straßburger Alexander‹ zusammengestellt (VAN DAM, TEUSINK), die sich über die ganze Länge der Epen verteilen, während ›Eneasroman‹ und Eilharts ›Tristrant‹ vor allem durch auffallende Übereinstimmungen in den Liebesmonologen der Lavinia und Isalde

58

verbunden sind. Ein heftiger Meinungsstreit entzündete sich an der Frage, wer jeweils der Gebende und wer der Nehmende war. Erschwerend tritt hinzu, daß wir den gesamten epischen Formelvorrat der mittelniederländisch-westmitteldeutschen („rheinischen") Literatur noch nicht genügend vergleichend übersehen. Vor allem aber, daß weder die absolute noch die relative Chronologie der genannten drei Werke gesichert ist, und daß die französische Vorlage für Veldeke zwar ganz, für den ›Alexander‹ aber nur stückweise, für Eilhart gar nicht bekannt ist. Auch ist es um die Überlieferung sehr verschieden bestellt. Besonders hoffnungslos ist die Lage bei Eilhart. Die Forschung schwankt deshalb auch bis heute in der landschaftlichen Zuordnung der Dichtung und der Bestimmung ihres Wirkungskreises. In der Frage des Liebesmonologs halten BEHAGHEL, VAN MIERLO, WESLE, WOLFF, KLAASS, NEUMANN, CORDES, DE SMET u. a. Veldeke für den Gebenden, LICHTENSTEIN, VAN DAM und EGGERS Eilhart für den Älteren, der Veldeke Bausteine zusteuerte, um seinen Laviniamonolog dem ›Roman d'Eneas‹ gegenüber zu erweitern, motivisch zu bereichern und psychologisch zu vertiefen. Da beide Monologe in ihrer Art kunstvoll gebaut sind und den Dichtungen organisch erwachsen, muß, da die ›estoire‹ als Erkenntnishilfe ausfällt, die Frage der Entlehnungsrichtung unentschieden bleiben, so gern man Veldeke das Erstlingsrecht zusprechen möchte.

Nicht weniger verwickelt ist Veldekes Verhältnis zur Alexanderüberlieferung. VAN DAM und TEUSINK glaubten allein durch das Gewicht ihrer Parallelensammlungen, die auch die Reimgebäude und den weiteren Textzusammenhang beachten, eine Abfolge ›Vorauer Alexander‹, ›Straßburger Alexander‹, ›Eneasroman‹ erhärten zu können, zumal wenn eine Stütze im ›Roman d'Eneas‹ fehlt. Demgegenüber stellte VAN MIERLO die These auf, daß der Dichter des ›Straßburger Alexander‹ bei der Modernisierung und Weiterdichtung von Lambrechts alter Fassung unter dem Einfluß der eben beendeten ›Eneide‹ gestanden habe. Auch der vergleichsweise Einbezug des ›Basler Alexander‹ und der bekannten französischen Fassungen (MINIS) brachte keine Klärung. Eine Entscheidung ist am ehesten zu erwarten von der Berücksichtigung sprachlicher Argumente (DE SMET, SCHIEB). Gerade in den Parallelen zwischen ›Eneasroman‹ und ›Alexander‹ häuft sich der östlich-deutsche Wortschatz. Ausgesprochen Maasländisch-Niederländisches wird man darin vergebens suchen. Das spricht, obwohl jedes abschließende Urteil verfrüht ist, ehe nicht sämtliche Parallelen,

soweit möglich, sprachlandschaftlich bestimmt sind, für Entlehnungsrichtung von Osten nach Westen. Dann hätte sich
Veldeke wirklich an der frühhöfischen Technik des ›Straßburger Alexander‹ geschult, stände also trotz aller maasländischen
Bodenständigkeit doch zugleich in der „rheinischen Literaturtradition". Er bleibt damit im weiteren Bereich seiner Heimat,
im Kernbereich des Herzogtums Niederlothringen.

Nachfolge und Nachruhm erwarteten Veldeke aber nicht in
der Heimat, sondern, im Zusammenhang mit des Dichters
Gang nach Thüringen und der allgemeinen literarischen Lage,
in Mittel- und Oberdeutschland. In Thüringen zeigen Anklänge an ihn, allerdings rein äußerlicher Art, die Dichter, die den
gleichen Landgrafen Hermann zum Gönner hatten und sich
ebenfalls dem antiken Stoffkreis zuwandten, Albrecht von Halberstadt, Meister Otte, Herbort von Fritzlar, der Veldeke sogar
nennt. Der unbeschwerte und unproblematische Dichter der
Kölner Chanson de Geste ›Karl und Galie‹ (erster Teil der
Karlmeinetkompilation) hat um 1200, unter dem Einfluß der
Minnehandlungen des ›Eneasromans‹ seine Liebesgeschichte
zwischen Karl und Galie gestaltet. Unter den Oberdeutschen
zeigt viele Berührungspunkte der abliegende Ulrich von Zat-
zikhoven in seinem ›Lanzelet‹, vereinzelte Wirnt von Graven-
berc in seinem ›Wigalois‹. Die höfischen Klassiker Gotfrid und
Wolfram (nicht Hartmann) spenden ihm höchstes Lob als dem
meister, dem *wisen man*, dem Initiator höfischer Schilderungskunst, dem Dichter der *minne*. Sie haben sein Werk gut gekannt
und, zumal Wolfram, auch gut genutzt, sich z. Tl. in Auseinandersetzung mit ihm weiter entfaltet. Wolframs Verhältnis zu
Veldeke verdiente noch eine eingehende Untersuchung. Van
Mierlos Behauptung, daß Wolframs Sprache „van Neerlandis-
men wemelt", ist zwar übertrieben, aber schon Behaghel ver-
merkte Anspielungen auf Szenen und Personen, motivische
und stilistische Anklänge, ja sogar Übereinstimmung in auf-
fälligen Reimtypen. Wie stark der ›Willehalm‹ Kenntnis des
›Eneasromans‹ voraussetzt, hat Palgen herausgearbeitet.
Schwietering erwog, das Verhältnis der Gahmuretgeschichte
zum ›Eneasroman‹ und der Titurelszene zur Laviniaepisode
typologisch zu deuten, als Überwindung des antikisierenden
Romans durch den vollhöfischen Roman, ähnlich sehen Poag
und Hofmann Wolfram als Überwinder von Veldekes *minne*-
Vorstellungen. Auf der gleichen Linie fortschreitend bewegt
sich Wisniewskis Vermutung, daß sich die Minnelehre im
›Klage-Büchlein‹ Hartmanns von Aue in bewußter Antithese

„als eine programmatische Antwort auf die Minnelehre seines großen Vorgängers darzustellen scheint". Vieles andere bleibt unsicher.

Es fragt sich, ob man Veldeke neben Liedern, ›Servatius-legende‹ und ›Eneasroman‹ noch ein weiteres Werk mit Sicherheit zuschreiben darf, auf das der Dichter des Moriz von Craûn Vers 1156ff. vergleichsweise anspielen könnte, und das durch die Literaturgeschichten unter dem Titel ›Salomo und die Minne‹ geht. Es muß sich, wenn man nicht mit O. BEHAGHEL und L. DENECKE, auch K. STACKMANN, unklar verbundene Reminiszenzen aus Veldekes ›Salomo-Lied‹ und verschiedenen Stellen der ›Eneide‹ annehmen will, um eine Dichtung gehandelt haben, die König Salomo als Opfer der Macht der Minne darstellte, die ihn um Weisheit und Verstand brachte, und eine Prachtbeschreibung des *lectulus Salomonis*, des Bettes des Königs Salomo enthielt. Es ließe sich an eine religiös-symbolische Dichtung aus dem Vorstellungs- und Bildbereich des Hohenliedes denken, auf die sich auch Erwähnungen bei jüngeren Dichtern beziehen könnten.

Heinrich von Veldeke steht mit seinem ›Eneasroman‹ an der Schwelle der deutschen höfischen Klassik um 1200. Er selbst hat diese Schwelle noch nicht überschritten, hat aber den großen Deutschen nach ihm den Schritt über sie vorbereitet und erleichtert. Das haben diese auch dankbar anerkannt. Man hebt ihn lobend hervor als Dichter der Minne und als Meister höfischer Beschreibungs- und Schilderungskunst, der diese neuen poetischen Errungenschaften der deutschen Dichtung erobert hat. Später, bei verblassender Kenntnis, hält man ihn auch für den ersten, der rein reimte. Veldeke, eine Generation älter als unsere mittelhochdeutschen Klassiker, war als Maasländer aus einer kulturell hochentwickelten Landschaft, in der sich französisch und deutsch fruchtbar und unmittelbar begegneten, in der Tat der gegebene Vermittler von West nach Ost. Er gehört in den literarischen Umkreis der anglonormannischen Romane des antiken Stoffkreises, neben deren Schöpfern er jenseits der Sprachgrenze als ebenbürtiger Partner steht. Er hat die neuartige Problematik, die zweiteilige Komposition und den modernen Stil des ›Roman d'Eneas‹ in sich aufgenommen und das Werk nach seinen Möglichkeiten und seinem geistigen Horizont nach- und neugestaltet, was unter anderem bedeutet, daß er in Sprache, Vers- und Reimtechnik seiner maasländischen Heimat verpflichtet bleibt und daß er den ausgesprochen höfischen Errungenschaften des anglonormannischen Romans noch den Weltheilsrahmen älterer deutscher Dichtung verbunden hat. Die deutschen höfischen Klassiker haben Veldeke verehrt und von ihm gelernt, wenn sie auch dann, aus anderen Landschaften und Traditionen erwachsend, an andere französische Vorlagen anknüpfend und von gewandelten Problemen bedrängt, mit weniger vorbelasteten Stoffen neue Wege der künstlerischen Gestaltung suchten und fanden. Aber Veldekes Name wird, wenn auch die lebendige Kenntnis seines Werkes bald schwindet, mit Recht das ganze Mittelalter hindurch hochgehalten.

Handschriftenabdrucke und Bildwiedergaben:

R: F. Pfeiffer, Quellenmaterial zu altdeutschen Dichtungen, I: Zur Eneide Heinrichs von Veldeken, 1: Regensburger Bruchstück (Denkschriften der Kaiserlichen Akademie der Wissenschaften, Philos.-hist. Cl., Bd 16.), Wien 1869, S. 159f.

Fr. Keinz, Mittheilungen aus der Münchener Kön. Bibliothek, III. Bruchstück aus der Eneide Heinrichs von Veldeke, in: Germania 31, 1886, S. 74–80.

Fr. Wilhelm und R. Newald, Poetische Fragmente des 12. u. 13. Jhs, 1928, Nr 3, S. 5–9.

G. Eis, Altdeutsche Handschriften, 1949, 22: Heinrichs von Veldeke Eneit (Faksimileprobe mit Übertragung).

Me: J. Zingerle, Zur Eneide Heinrichs von Veldeken. „Meraner Fragmente der Eneide von Heinrich von Veldeken", jetzt in der Münchner Staatsbibliothek, in: Sitzungsberichte der königl. bayer. Akademie der Wissenschaften zu München, Jg 1867, Bd II, S. 471–485.

P: F. Pfeiffer, Quellenmaterial zu altdeutschen Dichtungen, I: Zur Eneide Heinrichs von Veldeken, 2: Pfeiffers Bruchstücke (Denkschriften der Kaiserlichen Akademie der Wissenschaften, Philos.-hist. Cl., Bd 16.) Wien 1869, S. 160–171.

B: kein Abdruck. Zu den Bildern sind wichtig:

Fr. Kugler, Die Bilderhandschrift der Eneide. Ein Beitrag zur Kunstgeschichte des 12. Jhs, 1834.

Die Bilder der Berliner Hs. Im Auftrag der Preuß. Staatsbibliothek bearb. v. A. Boeckler, 1939.

M: kein Abdruck.

Wo: Von Soltau, Bruchstücke altteutscher und niederländischer Gedichte 1: Aus Veldeck's Eneit, in: Mone's Anzeiger für Kunde der teutschen Vorzeit 6, 1837, S. 48–50.

O. von Heinemann, Aus zerschnittenen Wolfenbüttler Handschriften IX, in: ZfdA 32, 1888, S. 90–91.

E: F. Pfeiffer, Quellenmaterial zu altdeutschen Dichtungen, I: Zur Eneide Heinrichs von Veldeken, 3: Eibacher Hand-

schrift (Denkschriften der Kaiserlichen Akademie der Wissen-
schaften, Philos.-hist. Cl., Bd 16.), Wien 1869, S. 172–176
(Abdruck von Anfang und Schluß).
H: kein Abdruck.
b: kein Abdruck.
G: Ch. H. Müller, Die Eneidt. Ein Helden-Gedicht aus dem
12. Jh. von Heinrich von Veldeken usw., in: Sammlung
deutscher Gedichte aus dem XII., XIII. u. XIV. Jh., Bd I, 1783,
S. 1–102.
Henric van Veldeken, Eneide. I: Einleitung, Text hg.
G. Schieb u. Th. Frings. (DTM 58.) 1964.
w: kein Abdruck.
Beschreibungen der Hss. mit weiteren Nachweisen in den
kritischen Ausgaben von Ettmüller, Behaghel und besonders
Schieb/Frings. Wichtiges zum Wirkungsbereich der Hss. bei
W. Fechter, Das Publikum der mittelhochdeutschen Dichtung.
(Dt. Forschungen 28.) 1935.

Kritische Ausgaben:

Heinrich von Veldeke, hg. L. Ettmüller. (Dichtungen des deutschen Mittelalters. Bd. 8.) 1852.
Heinrichs von Veldeke Eneide, mit Einleitung u. Anmerkungen
hg. O. Behaghel, 1882. – Rez.: F. Lichtenstein, mit nach-
träglichen Bemerkungen von J. Franck, in: AfdA 9, 1883, S.
8–37.
Henric van Veldeken, Eneide. I: Einleitung, Text hg. G. Schieb u.
Th. Frings. (DTM 58.) 1964; II. Untersuchungen v. G. Schieb
unter Mitwirkung v. Th. Frings (DTM 59.) 1965; III:
Wörterbuch (in Vorbereitung).

Zum Titel:

G. Schieb, Zum Titel der ›Eneide‹ Henrics van Veldeken, in: Beitr.
84 (Halle), 1962, S. 373–375.

Zum Aufbau:

E. Comhaire, Der Aufbau von Veldekes Eneit, Diss. Hamburg
(masch.) 1947.

Zu den Quellen und Veldekes Verhältnis zu ihnen:

Eneas. Texte critique, hg. J. Salverda de Grave (Bibliotheca
Normannica. Bd IV.) 1891.
Eneas. Roman du XIIe siècle, hg. J. Salverda de Grave (Les
Classiques Français du Moyen-âge. Nr 44 u. 62.) 1925 und 1929
(Diplomatische Ausgabe der ältesten Hs. A).
C. Minis, Der Roman d'Eneas und Heinrich von Veldekes Eneide,
Diss. Lüttich (masch.) 1946.

C. Minis, Roman d'Eneas 5343 ff. und Eneide 7002 f., in: Neophilologus 30, 1946, S. 124 f.

C. Minis, Heinrich von Veldekes Eneide und der Roman d'Eneas. Textkritik, in: Leuvense Bijdragen 38, 1948, S. 90–115.

C. Minis, Heinrich von Veldeke und das Altfranzösische, in: Album Prof. Frank Baur 2, 1948, S. 130 ff.

C. Minis, Textkritische Studien über den ›Roman d'Eneas‹, in: Neophilologus 33, 1949, S. 65–84.

C. Minis, Textkritische Studien über den Roman d'Eneas und die Eneide von Henric van Veldeke. (Studia Litteraria Rheno-Traiectina. Bd 5.) 1959. – Rez.: G. de Smet, in: Beitr. 83 (Tübingen), 1961, S. 233–246.

G. Schieb u. Th. Frings, Die Vorlage der Eneide, in: Beitr. 71 (Halle), 1949, S. 483–487.

A. Pey, L'Énéide de Henri de Veldeke et Le Roman d'Eneas, in: Jb. f. roman. u. engl. Literatur 2, 1860, S. 1 ff.

E. Wörner, Virgil und Heinrich von Veldeke, in: ZfdPh. 3, 1871, S. 106–160.

O. Behaghel, Heinrichs von Veldeke Eneide, 1882, Einleitung S. CXLII–CLVIII.

A. Decker, Vergleich Virgils mit Veldeke, Progr. Treptow a. d. Rega 1884.

B. Fairley, Die Eneide Heinrichs von Veldeke und der Roman d'Eneas. Eine vergleichende Untersuchung, Diss. Jena 1910.

O. Gogala di Leesthal, Studien über Veldekes Eneide (Acta Germanica. Neue Reihe Heft 5) 1914.

W. Wittkopp, Die Eneide Heinrichs von Veldeke und der Roman d'Eneas, Diss. Leipzig 1929.

A. Pauphilet, Eneas et Enée, in: Romania 55, 1929, S. 195–213.

J. Crossland, ›Eneas‹ and the ›Aeneid‹, in: Modern Language Review 29, 1934, S. 282–290.

J. Quint, Der ›Roman d'Eneas‹ und Veldekes ›Eneit‹ als früh-höfische Umgestaltungen der ›Aeneis‹ in der „Renaissance" des 12. Jhs, in: ZfdPh. 73, 1954, S. 241–267.

H. Sacker, Heinrich von Veldeke's conception of the Aeneid, in: German Life and Letters, New Series, Vol. X, 1957, Vol. X, 1957, S. 210–218.

R. Bezzola, Liebe und Abenteuer im höfischen Roman (Rowohlts deutsche Enzyklopädie, 117/118.) 1961.

H. Brinkmann, Wege der epischen Dichtung im Mittelalter, in: Archiv f. d. Studium d. neueren Sprachen u. Literaturen, Bd 200, 1963/64, S. 401–435.

Zum Epilog und zu den Stauferpartien:

E. Schröder, Der Epilog der Eneide, in: ZfdA 47, 1904, S. 291–301.

J. Schwietering, Die Demutsformel mittelhochdeutscher Dichter (Abhandlungen d. königl. Ges. d. Wiss. zu Göttingen, Phil-. hist. Kl., NF Bd 17,3.) 1921, S. 62 ff.

Th. Frings u. G. Schieb, Drei Veldekestudien: Das Veldeke-problem. Der Eneideepilog. Die beiden Stauferpartien (Abhandlungen der Dt. Akademie d. Wiss. zu Berlin, Philos.-hist. Kl., Jg 1947, Nr 6.) 1949.

F. Kauffmann, Eneit 8374ff., in: ZfdA 33, 1889, S. 251–253.

F. Tschirch, Der Umfang der Stauferpartien in Veldekes Eneide, in: Beitr. 71 (Halle), 1949, S. 480–482.

F. Neumann, Wann dichtete Hartmann von Aue?, in: Studien zur deutschen Philologie des Mittelalters, Festschrift Panzer, 1950, S. 67–69.

G. Schieb, Veldekes Grabmalbeschreibungen, in: Beitr. 87 (Halle), 1965 (im Druck).

G. Baesecke, Herbort von Fritzlar, Albrecht von Halberstadt und Heinrich von Veldeke, in: ZfdA 50, 1908, S. 366–382.

F. Ohly, Ein Admonter Liebesgruß, in: ZfdA 87, 1956, S. 22.

Zu den Liebeshandlungen:

F. Maurer, ‚Rechte‘ Minne bei Heinrich von Veldeke, in: Archiv f. d. Studium d. neueren Sprachen u. Literaturen, Bd 187, 1950, S. 1–9.

F. Maurer, Leid. Studien zur Bedeutungs- u. Problemgeschichte, bes. in den großen Epen der Staufischen Zeit (Bibliotheca Germanica 1.) 1951, Kap. 6: Das Leid bei Heinrich von Veldeke, S. 98–114.

R. Zitzmann, Die Didohandlung in der frühhöfischen Eneas-dichtung, in: Euphorion 46, 1952, S. 261–275.

L. Wolff, Die mythologischen Motive in der Liebesdarstellung des höfischen Romans, in: ZfdA 84, 1952, S. 47–70.

J. Quint, Der ›Roman d'Eneas‹ und Veldekes ›Eneit‹ als früh-höfische Umgestaltungen der ›Aeneis‹ in der „Renaissance" des 12. Jhs, in: ZfdPh. 73, 1954, S. 241–267.

W. Schröder, Dido und Lavine, in: ZfdA 88, 1958, S. 161–195.

Zu einzelnen Abschnitten:

G. Schieb, Eneide 5001–5136. Turnus' Kampfgenossen. Ein Wiederherstellungsversuch, in: Beitr. 72 (Halle), 1950, S. 65–90.

G. Schieb, Die Stadtbeschreibungen der Veldeküberlieferung, in: Beitr. 74 (Halle), 1952, S. 44–63; auch als Anhang in G. Schieb/ Th. Frings, Heinrich von Veldeke. Die neuen Münchener Servatiusbruchstücke, 1952.

C. Minis, Eneide 5001–5136. Turnus' Kampfgenossen. Städtelob Karthagos, in: Leuvense Bijdragen 42, 1952, S. 34–52.

G. Schieb, Rechtswörter und Rechtsvorstellungen bei Heinrich von Veldeke. Eine Vorstudie, in: Beitr. 77 (Halle), 1955, S. 159–197.

J. Trier, Architekturphantasien in der mittelalterlichen Dichtung, in: GRM 17, 1929, S. 11–24.

G. Schieb, Veldekes Grabmalbeschreibungen, in: Beitr. 87 (Halle), 1965, (im Druck).

H. Bodensohn, Die Festschilderungen in der mittelhochdeutschen Dichtung (Forschungen zur deutschen Sprache u. Dichtung. Heft 9.) 1936.

Zur Gottesauffassung:

L. Denecke, Ritterdichter und Heidengötter (1150–1220), Diss. Greifswald 1929, VII: Heinrich von Veldeke, S. 90–109.

H. Sacker, Heinrich von Veldeke's Conception of the ›Aeneid‹, in: German Life and Letters, New Series, Vol. X, 1957, S. 210–218.

M.-L. Dittrich, *gote* und *got* in Heinrichs von Veldeke Eneide, in: ZfdA 90, 1960/61, S. 85–122, 198–240, 274–302.

Veldeke und die „rheinische Literaturtradition":

K. Kinzel, Das Verhältnis der Eneit zum Alexander, in: ZfdPh. 14, 1882, S. 1–18.

J. van Dam, Zur Vorgeschichte des höfischen Epos. Lamprecht, Eilhardt, Veldeke (Rheinische Beiträge u. Hülfsbücher zur germ. Philologie u. Volkskunde. Bd 8.) 1923.

J. van Mierlo, Veldekes onafhankelijkheid tegenover Eilhart von Oberg en den Straatsburgschen Alexander (Kon. Vlaamse Acad. voor Taal- en Letterkunde, Versl. en Meded.) 1928. – Rez.: E. Klaass, in: ZfdPh. 58, 1933, S. 362ff.

J. van Mierlo, Om het Veldeke-probleem. (Kon. Vlaamse Acad. voor Taal- en Letterkunde, Versl. en Meded.) 1932. – Rez.: E. Klaass, in: ZfdPh. 58, 1933, S. 364f.

G. Jungbluth, Untersuchungen zu Heinrich von Veldeke. (Deutsche Forschungen. Bd 31.) 1937.

J. van Mierlo, Nieuws over Heynrijck van Veldeken naar aanleiding van Jungbluth's Untersuchungen zu Heinrich von Veldeken. (Kon. Vlaamse Acad. voor Taal- en Letterkunde, Versl. en Meded.) 1939.

D. Teusink, Das Verhältnis zwischen Veldekes Eneide und dem Alexanderlied, 1946. – Rez.: C. Minis, in: Museum 52, 1947, S. 120ff.; H. Eggers, in: Euphorion 45, 1950, S. 499–502.

H. Eggers, Der Liebesmonolog in Eilharts Tristrant, in: Euphorion 54, 1950, S. 275–304.

J. van Mierlo, De Oplossing van het Veldeke-Probleem. (Kon. Vlaamse Acad. voor Taal- en Letterkunde, Versl. en Meded.) 1952; auch in Buchausgabe 1952. – Rez.: Fr. Neumann, in: Jb. d. Vereins f. nd. Sprachforschung 78, 1955, S. 142–147; Th. Frings, in: Beitr. 78 (Halle), 1956, S. 111–157.

J. van Mierlo, Oude en nieuwe bijdragen tot het Veldeke-Probleem. (Kon. Vlaamse Acad. voor Taal- en Letterkunde, Reeks III, Nr 35.) 1957.

G. DE SMET, J. van Mierlo en het Veldekeprobleem. (Voordrachten gehouden voor de Gelderse leergangen te Arnhem, Nr 8.) 1963.

C. MINIS, Er inpfete das erste ris, Antrittsvorlesung Amsterdam 1963.

G. SCHIEB, Zu G. De Smet, J. van Mierlo en het Veldeke-Probleem, in: Tijdschr. voor Nederlandse Taal- en Letterkunde 80, 1964, S. 204–208.

Veldekes Nachwirkung:

O. BEHAGHEL, Heinrichs von Veldeke Eneide, 1882, Einleitung VIII: Die Eneide und die spätere Dichtung.

G. BAESECKE, Herbort von Fritzlar, Albrecht von Halberstadt und Heinrich von Veldeke, in: ZfdA 50, 1908, S. 366–382.

G. HOFMANN, Die Einwirkung Veldekes auf die epischen Minnereflexionen Hartmanns von Aue, Wolframs von Eschenbach und Gottfrieds von Straßburg, Diss. München 1930 (Teildruck).

J. F. POAG, Heinrich von Veldeke's *minne;* Wolfram von Eschenbach's *liebe* und *triuwe*, in: Journal of English and Germanic Philology 61, 1962, S. 721–735.

R. PALGEN, Willehalm, Rolandslied und Eneide, in: Beitr. 44, 1920, S. 191–241.

J. SCHWIETERING, Typologisches in mittelalterlicher Dichtung, in: Vom Werden des deutschen Geistes, Festgabe G. Ehrismann, 1925, S. 40–55.

R. WISNIEWSKI, Hartmanns *Klage*-Büchlein, in: Euphorion 57, 1963, S. 341–369, bes. S. 362–369.

O. BEHAGHEL, Heinrich von Veldeke und Ulrich von Zazickhoven, in: Germania 25, 1880, S. 344–347.

Veldekes Name wird z.B. genannt: Gotfrid von Straßburg, ›Tristan‹ 4726; Wolfram von Eschenbach, ›Parzival‹ 292,18. 404,29, ›Willehalm‹ 76,25; Herbort von Fritzlar, ›Liet von Troie‹ 17381; ›Moriz von Craûn‹ 1160; Rudolf von Ems, ›Alexander‹ 3113–15, ›Willehalm von Orlens‹ 2173; Konrad von Fußesbrunnen, ›Kindheit Jesu‹ 98; Marner XIV, 276; Kolmarer Hs. XXIV, 41; von der Hagen, Minnesinger 4, S. 221 f. mehrmals in dem Wolfram zugeschriebenen ›Trojanischen Krieg‹; Jacob Püterich von Reichertshausen, ›Ehrenbrief‹ Str. 114.

NACHWORT

Die Veldekeforschung ist seit dem Ende des vorigen Jahrhunderts ein gutes Stück vorangekommen. Aber täuschen wir uns nicht, es bleibt immer noch genug zu tun. Nicht nur, daß sich Manches mangels Anhaltspunkten unserm Zugriff immer entziehen wird, es gilt darüber hinaus noch viele dunkle Punkte im Gesamtbild aufzuhellen. Gewiß, die philologischen Grundaufgaben sind weithin gelöst. Wir überblicken die gesamte Überlieferung, die beschrieben, geordnet und beurteilt ist. Wir besitzen Handschriftenabdrucke wie Versuche kritischer Textausgaben, die Lieder, ›Servatiuslegende‹ und ›Eneasroman‹ in der Form bieten, in der sie der Dichter geschaffen haben wird und in der sie ihr erstes Publikum fanden. Aber die literarische Einordnung und Einschätzung steckt noch in den Anfängen. So wie die Beurteilung der Sprache Veldekes lange daran krankte, daß der Blick der Sprachwissenschaftler durch das Haften an modernen Sprach- und Staatsgrenzen getrübt war, so muß auch dem üblicherweise auf die Nationalliteraturen in modernem Sinne eingeengten Blick des Literarhistorikers Wesentliches entgehen, das für Veldeke, den Dichter der Mitte Niederlothringens im Schnittbereich lateinischer, französischer und deutscher Kultur (in der Abstufung *dietsc | dutsch*), charakteristisch ist. Nichts beleuchtet das auffälliger als die Tatsache, daß Veldeke in manchen niederländischen Literaturgeschichten lange ganz oder wenigstens mit seiner Eneide fehlte, er in deutschen als Legendendichter in den Hintergrund trat und seine Lyrik sich als eine Art Fremdkörper neben der deutschen ausnahm. Die kulturellen Provinzen des Mittelalters führen ihr eigenes Leben weitverflochtener Traditionen und spotten jeder nationalliterarischen Einengung. Die kleinen Höfe des Maaslandes waren neben den geistlichen Centren Mittelpunkte des geistigen Lebens und des Austausches zwischen West und Ost. Veldekes Lieder stehen neben heimischbodenständigen in provenzalisch-französischen Traditionen, die Legende in mittellateinischen, der Eneasroman in mittellateinisch-anglonormannischen, denen sich offensichtlich Einflüsse aus älterer deutscher Dichtung gesellen. Nur Mittelalterforschern im weitesten Sinne wird es einmal gelingen, die einzelnen Fäden, die jetzt noch weithin nebeneinanderlaufen, zu einem einheitlichen Gewebe zusammenzuführen.

*Nicht ausgehoben ist, was sich nach der Anlage des Buches
leicht auffinden läßt*